Edition Delius

Jean-Luc Rivière • Pierre-Yves Nédélec
Fotos: Michel Reuss

Pfingstrosen

Auswahl • Pflege • Gestaltung

Delius Klasing Verlag

Eine Rockii-Hybride

INHALT

VORWORT

Ob in der Wild- oder Gartenform, klassisch oder als moderne Züchtung, die Pfingstrose übt noch immer eine große Faszination aus. Dieser uralten, facettenreichen und ganz außergewöhnlichen Blütenpflanze, die in der Mehrzahl in längst vergangenen Tagen vor allem aus China und Japan zu uns nach Europa kam, ist aufgrund zahlreicher neuer Züchtungen und der ihr angediehenen Sortenpflege eine glänzende Zukunft beschieden. Die Pfingstrose ist eine Pflanze, die uns zur Geduld zwingt. Aber sie versteht es, uns mit ihrer Blüte, ihrem Laub und der Harmonie ihres Wuchses immer wieder zu überraschen. Außerhalb der Saison scheint sie sich gelegentlich zu verstecken, um sich schließlich umso schöner, ja wie verwandelt, wieder in den Vordergrund der Gartenszene zu schieben. Ob als Zier- oder Heilpflanze, ob mit einfachen oder gefüllten Blüten, als Staude oder Strauch – die Pfingstrose gilt als ein Symbol für Beständigkeit, Wohlstand und ein langes Leben.

Jean-Luc Rivière hat uns die Tür zu seinem geheimen Garten geöffnet, in dem die Pfingstrosen das einander an Schönheit übertreffende, alles beherrschende Element sind. Michel Reuss schließlich hat es verstanden, jenen Augenblick festzuhalten, in dem sich ihre Blüten in der einzigartigen Reinheit und Klarheit eines japanischen Drucks entfalten. Pierre-Yves Nédélec hat dies mit seinen Texten begleitet.

Dic Päonie ist eine Belohnung der Natur für den Wanderer, der sie während einer Bergtour entdeckt. Sie weckt mit ihrem Duft Erinnerungen an die Gärten der Kindheit, und sie ist stets Anlass zu freudiger Überraschung für Gartenliebhaber – erst recht für jene, die sich an die Züchtung und Vermehrung heranwagen. Sie beglückt diejenigen, die im Frühling mit prachtvollen Päoniensträußen aus ihrem eigenen Garten kommen.

Der Charme, die Pracht, die Vielgestaltigkeit und die sprühende Vitalität der Pfingstrosen berühren uns zutiefst. Und diese Emotionen möchten wir mit Ihnen teilen.

Die Autoren

Verblühte Staudenpäonie mit welkenden Staubblättern, weiß behaarten Fruchtblättern und pinkfarbenen Narben. Die löffelartigen, hell gerandeten Blätter unterhalb der eigentlichen Blüte sind sogenannte Kelchblätter. Zwischen ihnen erkennt man die dunkelgrünen, laubblattartigen Hochblätter. Der gelblich grüne, kräftige Stängel trägt – als einfachste Form des Blütenstandes – nur eine Blüte. Auf dieser Aufnahme ist zu erkennen, dass die ursprüngliche fiederblattartige Belaubung umso einfacher gestaltet ist, je höher sie am Stängel ansetzt

EINFÜHRUNG IN DIE WELT DER PÄONIEN

ZUR GESCHICHTE

Zum ersten Mal erwähnt werden Pfingstrosen bereits in der Antike. Nach Homer heilte der Götterarzt Paian beziehungsweise Paion (auch als »Apollon Paionios« bezeichnet) Pluto, den Gott der Unterwelt, den Herakles im Krieg um Pylos verwundet hatte, mit dem Wurzelpräparat einer damals noch unbenannten Pflanze aus Asien. Nach dem Götterarzt erhielt sie schließlich den lateinischen Gattungsnamen *Paeonia*. Vom Lateinischen leitet sich »Päonie« und aufgrund der Blütezeit um Pfingsten herum die deutsche Bezeichnung »Pfingstrose« ab.

Wir unterscheiden zwei große Gruppen von Pfingstrosen: die Strauchpfingstrosen mit holzigem Stamm und verhältnismäßig langsamem Wuchs und die Staudenpfingstrosen, deren oberirdische, nicht verholzende Organe im Herbst einziehen. Seit 1948 tauchte noch eine dritte Gruppe, Produkt einer Kreuzung zwischen einer Strauchpfingstrose und einer Staudenpfingstrose, auf: die sogenannten Intersectionals beziehungsweise Intersektionellen oder Itoh-Hybriden.

STRAUCHPÄONIEN

EINE PFLANZE AUS CHINA

Die Strauchpäonien kennen nur eine Heimat: China. Daher finden sich eben auch dort die ältesten schriftlichen Quellen über Päonien. Zweitausend Jahre alte Aufzeichnungen besagen, dass man diese Pflanzengattung schon damals seit etwa sechs Jahrhunderten aufgrund ihrer medizinischen Wirkstoffe kultivierte. Noch heute besitzt China bedeutende Strauchpäonienkulturen zu ausschließlich medizinischen Zwecken.
Die wilden Strauchpäonienarten stammen aus den Randgebieten der Gletscher der Hochgebirge. Das erklärt ihre Widerstandsfähigkeit auch unter schwierigen, stark schwankenden Klimabedingungen (Frost, Trockenheit, Hitze).

ERSTE VERBREITUNG: JAPAN

Im 8. Jahrhundert begann man in China, Päonien zu dekorativen Zwecken zu kultivieren. In dieser Epoche wird die Pflanze auch nach Japan ausgeführt. Der Kunstsinn und das Schönheitsideal der Japaner drückten sich in Züchtungen mit wesentlich größeren, einfachen oder gefüllten Blüten von geradezu duftiger und filigraner Optik aus. Die Erscheinungsform des Strauches zeichnet ein immer häufiger aufrechter Wuchs in Verbindung mit größerer Höhe und stärkerer Verholzung aus.

ANKUNFT IN EUROPA

Erst im 18. Jahrhundert erscheint die Strauchpäonie auch in Europa. Die erste ist eine von Sir Joseph Banks georderte Sorte. Banks, der Naturforscher und Botaniker, ist damals der inoffizielle Direktor der Königlichen Gärten in Kew in England. Daher wurde diese Strauchpfingstrose 1787 in Kew Gardens in London gepflanzt. 1802 wird die erste reine Strauchpäonienart in England eingeführt. Es handelt sich um *Paeonia moutan papaveracea*, die schließlich zur Strauchpäonie *Paeonia suffruticosa* wurde.
Der britische Forscher, Pflanzenjäger und -sammler Robert Fortune brachte 1840 im Auftrag der Royal Horticultural Society zwei Dutzend Strauchpäonien unterschiedlicher, schöner Formen aus China nach England. Sie dienten als Grundlage für die ersten Vermehrungen und neuen Züchtungen in Europa.

DIE VERGRÖSSERUNG DES SORTENANGEBOTS

Die ältesten bekannten Sorten beziehungsweise Cultivare Europas, wie die ›Duchesse de Morny‹ oder ›Reine Élisabeth‹ (auch ›Königin Elisabeth‹), zeichnen sich durch große, schwere Blüten und eine kugelige Strauchform im besten chinesischen Stil aus.
Bis zum Ende des 19. Jahrhunderts boten die europäischen Gärtnereien eine große Anzahl neuer Sorten an. Um das Angebot zu vergrößern, interessierte man sich zunehmend für japanische Päonien. Um die Jahrhundertwende trafen schließlich die ersten japanischen Strauchpäonien ein. Bezüglich der Namensgebung der Sorten herrschte aufgrund von sprachlichen Problemen und der Nachlässigkeit gewisser japanischer Exporteure große Verwirrung. Durch einen glücklichen Umstand allerdings konnte Benoît Rivière, einer der ersten Importeure japanischer Päonien, diese unter ihren authentischen Namen in seine Sammlung aufnehmen.

HYBRIDZÜCHTUNG

Der Anfang des 20. Jahrhunderts ist gekennzeichnet durch die Züchtung erster Hybriden. Zwischen 1887 und 1891 hatte der Jesuit Jean Marie Delavay, Missionar und Botaniker, in China die Samen von *Paeonia lutea* und *Paeonia delavayi* (später ihm zu Ehren benannt) gesammelt. Er schickte diese an das Muséum d'histoire naturelle nach Paris, wo die Samen austrieben. Diese neuen, in Frankreich eingeführten Strauchpäonienarten gerieten in die Hände der großen Gärtner und Pflanzenzüchter Louis Henry und Victor Lemoine (der bereits eine große Anzahl von Strauch- und Staudenpäonien in seinem Katalog anbot). 1907 gelingt Louis Henry aus der Kreuzung zwischen einer Sorte der Strauchpfingstrose *Paeonia suffruticosa* ›Elisabeth‹ und der Gelben Pfingstrose *Paeonia lutea* eine erste Hybride. Er nennt sie ›Madame Louis Henry‹. Diese ungefüllte Päonie erregte großes Aufsehen.

DIE ROLLE DER VEREINIGTEN STAATEN

Die züchterischen Aktivitäten von Victor Lemoine und seinem Sohn Émile enden in den 1940er-Jahren, nach dem Tod des Sohnes. Ihnen war es gelungen, eine ganze Serie von Hybriden der ersten Generation hervorzubringen, die jedoch rein theoretisch steril sind. Da zu dieser Zeit die Gärtnereien und Baumschulen in Frankreich vom Krieg schwer geschädigt waren, gab es niemanden, der die Zuchtreihe fortgesetzt hätte. Neuheiten mussten daher aus den Vereinigten Staaten kommen, wo Professor Saunders vergleichbare Züchtungsarbeit zu den Lemoines geleistet hatte. Eine Serie von 77 neuen amerikanischen Hybriden erweiterte in der Folge die Palette an Farben und Formen. Schließlich übergab Saunders seine Züchtungen seinem Freund William Gratwick, der sich, mithilfe des Amerikaners griechischer Abstammung Nassos Daphnis, daran machte, einige »negative« Eigenschaften der ersten Hybriden züchterisch zu beseitigen, die mit dem unendlich vielfältigen Charakter von *Paeonia lutea* zusammenhingen. Die Ergebnisse erscheinen in spektakulären Farbnuancen.

DIE LETZTEN FORTSCHRITTE

Es ist noch nicht lange her, dass sich Sir Peter Smithers, ein passionierter Amateurgärtner, in einem schönen Schweizer Garten in der Nähe von Lugano in aller Abgeschiedenheit der Hybridisierung von *Paeonia rockii* widmete. Unter den Sorten aus China oder Japan oder deren europäischen Abkömmlingen besaßen nur wenige Päonien genetische Anteile von *Paeonia rockii*, einer Art, die 1926 von dem österreichisch-amerikanischen Forscher und Botaniker Joseph Rock aus China mitgebracht wurde. Der Weg, den Peter Smithers einschlug, ist daher besonders interessant. Seine mit großer Sorgfalt selektierten Kreuzungen zeichnen sich durch rote, malvenfarbene bis schwarze mehr oder weniger ausgeprägte Basisflecken aus. Mit üppiger und dichter Wuchsform sowie robusten und raffinieren Blüten ausgestattet, sind diese Hybriden eine echte Bereicherung für Päonienfreunde.

STAUDENPÄONIEN

DIE URSPRÜNGE

Während sich die Wildformen der Strauchpäonien lediglich in China finden, stammen die Staudenpäonien aus vielen Bereichen der gemäßigten Zonen, verstreut über die gesamte Nordhalbkugel. Sie gedeihen normalerweise in einer Höhe von 800 bis 1500 Metern an Waldrändern im niedrigen, gelegentlich sehr dichten Unterwuchs, wobei der Untergrund nicht allzu steinig sein darf. Wie ihre Verwandten, die Strauchpäonien, tolerieren sie durchaus kritische klimatische Verhältnisse (Hitze, Trockenheit, Kälte und starke klimatische Schwankungen). Unter den in Europa heimischen Wildarten ist die am längsten kultivierte Art die Bauernpäonie oder Gewöhnliche Pfingstrose *Paeonia officinalis*, die ursprünglich aufgrund ihrer medizinischen Eigenschaften kultiviert wurde.

DIE ANKUNFT VON PAEONIA LACTIFLORA UND DIE FOLGEN

Paradoxerweise liegt der Ursprung der varietätenreichsten Zuchtsorte, der Chinesischen oder Weißen Päonie *Paeonia lactiflora,* wiederum in China. Ihre Einführung in Frankreich geht auf die erste Regierungszeit von Napoléon Bonaparte zurück, als der Kaiser von China der Kaiserin Joséphine eine Sammlung Pfingstrosen zum Geschenk machte. Diese Päonien gelangten in die Hände des Gärtners Auguste Calot, der damit eifrig Züchtungsarbeit leistete und zahlreiche Sorten kreierte. Dieser Anfang fand dank der anderen großen Gärtner und kreativen Züchter wie Crousse, Lemoine, Dessert, Doriat, Ruitton und Rivière seine äußerst positive Fortsetzung.

DIE STAUDENHYBRIDEN

Wie die Strauch- verdanken wir auch die Staudenhybriden der großartigen züchterischen Arbeit von Victor Lemoine, darunter zum Beispiel die ›Avant-Garde‹ aus dem Jahre 1907. Und auch hier nahmen wiederum die Amerikaner den Faden auf und sorgten für die Fortsetzung der Züchtungen.

DIE INTERSECTIONALS ODER INTERSEKTIONELLEN

EINE MODERNE SCHÖPFUNG

Eine neue Ära in der Geschichte der Päonien beginnt im Jahre 1948, als der Japaner Toichi Itoh mit Erfolg eine Strauchpäonie (›Alice Harding‹, eine Hybride von *Paeonia lutea*) mit einer Staudenpäonie (›Kakoden‹, eine Varietät von *Paeonia lactiflora*) einkreuzte. Nach Itohs Tod nahm ein amerikanischer Gärtner, Louis Smirnow, das züchterische Werk Itohs auf und setzte es fort. Seine Arbeit führte in den Sechzigerjahren des 20. Jahrhunderts zum Entstehen von vier Sorten. In den folgenden Siebzigerjahren erlangte diese Päoniengruppe als »Itoh-Hybriden« Berühmtheit. Dennoch ist diese Bezeichnung nicht allgemein anerkannt, sodass man diese Päonien immer häufiger unter dem Namen »Intersectionals« antrifft.

WEM SIND SIE ÄHNLICH?

Die Itoh-Hybriden zeichnen sich durch außergewöhnliche Robustheit und ihren Eltern getreue Charakteristika aus. Ihre Vegetations- und Blütezeit sowie das Einziehen ihrer oberirdischen Organe im Herbst bezeugt die enge Verwandtschaft mit den Staudenpäonien. Was die Form ihrer Blüten und ihr Laub betrifft, so ähneln sie den Strauchpäonien. Diese Hybridisierung, die eigentlich ein unmögliches und riskantes Unterfangen war, hat zahlreiche Vorteile: Die Blütezeit ist ausgedehnt, die Schönheit des Laubes bleibt die ganze Vegetationszeit über erhalten, und das »echte« Gelb der Blüten in all seinen Abstufungen gibt es seither auch bei den Staudenpäonien.

DIE BLÜTEN: FORMEN UND FARBEN

Päonien bringen große Blüten in unterschiedlichen Formen und Farben hervor. Und genau dies macht ihren besonderen Charme aus! Zusätzlich verströmen einige von ihnen auch noch einen angenehmen Duft. Es dürfte also kein Problem sein, für jeden Geschmack die richtige Päonie zu finden.

EINE VIELFALT DER FORMEN

Die Blüten der Pfingstrosen werden in mehrere große Gruppen aufgeteilt, wobei die Grenzen häufig fließend verlaufen. Hinzu kommt, dass sich die Form der Blüten – und sogar ihre Farbe – von einem Jahr zum anderen, je nach klimatischen Verhältnissen oder Bodenbeschaffenheit, verändern kann.

EINFACHE PÄONIENBLÜTENFORM

Dies ist die Grundform. Fünf Blütenblätter bei den Wildformen, neun oder zwölf bei den Sorten, umgeben die Mitte, die durch die Staub- und Fruchtblätter gebildet wird (Beispiele: ›L'Espérance‹ oder ›Chalice‹).

JAPANISCHE PÄONIENBLÜTENFORM

Diesen Päonienblütentyp kann man als eine Variante der einfachen Form auffassen. Die Anzahl der Blütenblätter ist nahezu dieselbe. Im Gegensatz zur einfachen Blütenform haben sich die Staubblätter teilweise oder zur Gänze umgewandelt: Sie sind ganz überwiegend steril, gewöhnlich bandartig ausgeprägt, zeigen aber mit ihren gelben und bräunlichen Farbstreifen noch deutlich ihre Herkunft. Diese Organe, die man als Staminodien bezeichnet, haben reine Schaufunktion. Die Blütenform entspricht dem japanischen Schönheitsideal (Beispiel: ›Neon‹).

ANEMONENFÖRMIGE PÄONIENBLÜTE

Diese Form ist eine Weiterentwicklung der vorausgegangenen japanischen Päonienblüte. Die Staubblätter, nunmehr völlig ohne Pollen, ähneln immer mehr Blütenblättern, die man als Petaloiden = Blütenblattähnliche bezeichnet. Diese Petaloiden bilden das sogenannte Herz – das Zentrum der Päonienblüte (Beispiel: ›Gay Paree‹ oder ›White Cap‹).

KRONENFÖRMIGE PÄONIENBLÜTE

Eng angelehnt an die Anemonenform werden hier die Blütenblätter zur Mitte hin immer schmaler und kleiner, sodass ein kronenförmiger Aufbau entsteht. Entspricht dem chinesischen Schönheitsideal (Beispiel: ›Red Charm‹).

HALBGEFÜLLTE PÄONIENBLÜTE

Eine Form, die zwischen der einfachen und der gefüllten Form angesiedelt ist. Man sieht wieder die Mitte mit ihren Staubblättern, umgeben von mehreren Reihen an Blütenblättern (Beispiel: ›Chojuraku‹). Blütenblätter in mehr als fünf Lagen. Fertile Staubblätter vorhanden.

GEFÜLLTE PÄONIENBLÜTEN

Die Mitte ist nicht mehr sichtbar. Die Staubblätter sind fast vollständig in Petaloiden (blütenblattähnlich ausgeprägte, sterile Staubblätter) umgewandelt (Beispiel: ›Reine Élisabeth‹).

KUGELFÖRMIGE PÄONIENBLÜTE

Relativ kleine Blütenblätter formen eine kugelig gestaltete Blüte. Diesen Blütentyp kann man als Variante des gefüllten Blütentyps betrachten (Beispiel: ›Angelo Cobb Freeborn‹).

WELCHE FARBEN?

Die Strauchpäonien können in einer Blüte unterschiedliche Farbnuancen aufweisen. Darüber hinaus bieten sie eine breit gefächerte Auswahl an spektakulären Farben, angefangen von Weiß bis Rot über sämtliche Rosatöne, von weiß bis violett überhauchtem Purpur bis zu verschiedenen Nuancen von Malvenfarben und schließlich – und vor allem – von Gelb bis Rot mit unterschiedlichen, großartigen feuerroten Nuancen. Einige kommen dabei einem Orangeton sehr nahe.
Die Staudenpäonien wiederum präsentieren sich in einer Farbpalette von Weiß bis Rot über sämtliche Rosatöne – und von reinem Lila bis Lachsrot.
Die Intersektionellen Hybriden (engl. intersectional hybrid) entstanden, wie bereits erwähnt, aus einer Kreuzung zwischen Strauch- und Staudenpäonien. Sie entfalten ihre Blüten in einer Farbpalette und Farbnuancierung, die den Strauchpäonien ähnelt. Während die Staudenpäonien in ihren Rosa-, Weiß- und Rottönen verhältnismäßig gedeckt bleiben, erscheinen die Blüten der Intersektionellen Hybriden in traumhaften Abstufungen von Feuerrot gemischt mit Rosa und Gelb.

DER DUFT

Die Päonien sind auch für ihren Duft bekannt. Sie sind in der Parfümindustrie berühmt für ihren leichten Duft mit Nuancen von Rosen oder Maiglöckchen. Bitte beachten Sie: Viele Pfingstrosensorten verbreiten leider keinen Duft! Im Allgemeinen verströmen die Päonien mit gefüllten Blüten einen stärkeren Duft als die mit einfachen Blüten, doch die Ausnahmen sind zahlreich. Unter den Sorten mit den bestechendsten Duftnoten sind ›Myrtle Genry‹, ›Alice Crousse‹, ›White Cap‹ (siehe Seite 149), ›Duchesse de Nemours‹ und ›Alice Harding‹ (siehe Seite 176).

Einfache Form:
Honor

Japanischer Typ:
Neon

Einfache Form:
Madame Louis Henry

Halbgefüllte Form:
Yellow Dream

Halbgefüllte Form:
Helen Martin

Gefüllte Form:
Luyang Hong

Gefüllte Form:
Alice Harding

Anemonenform:
Rosea Plena

Gefüllte Form:
Duchesse de Morny

WO GEDEIHT DIE PÄONIE?

Die Widerstandsfähigkeit der Päonien ist keine Legende. Sie fürchten die Kälte nicht, und das aus gutem Grund: Mit einigen wenigen Ausnahmen wuchsen ihre wilden Ahnen bis in Höhenlagen, in denen selbst schwere Fröste nicht selten sind. Im Allgemeinen lieben sie allerdings die Sonne und mögen keine vernässten Standorte – Erfordernisse, die leicht zu erfüllen sind.

WELCHES KLIMA?

Päonien können ohne Weiteres in Regionen gepflanzt werden, die eine ausgesprochen kalte Jahreszeit kennen. Tatsächlich weiß man aus Erfahrung, dass sowohl Strauch- als auch Staudenpäoniensorten Frösten von –25 bis –27 °C und kälter standhalten; in solchen Lagen ist eine Mulchlage zum Schutz im Jahr der Pflanzung ratsam. Doch Achtung: auf keinen Fall zu feucht halten!

Die schlimmsten Auswirkungen, die Frost auf Strauchpäonien haben kann, ist der Verlust von einigen mehr oder weniger wichtigen Zweigen. Aber keine Sorge: Sie treiben im folgenden Frühjahr noch schöner wieder aus!

Spätfröste können sich negativ auf die Blüte auswirken. Die Blütenknospen vertragen einige Minusgrade unter null – allerdings muss das anschließende Auftauen langsam vonstatten gehen.

Ebenso widerstandsfähig erweisen sich die Päonien gegen Hitze, zumal sie ja ausgesprochen sonnenliebend sind. Allerdings kann es sein, dass sich in den entsprechenden Regionen, also in den Mittelmeergebieten, die Blütezeit kürzer erweist und sich die Pflanze und ihr Laub während der Trockenperioden nicht so frisch und gesund präsentiert. Allerdings halten solche Verhältnisse die Päonie nicht davon ab zu blühen.

WELCHE LAGE?

Die Wahl des Standorts ist entscheidend für den Erfolg einer Pfingstrosenpflanzung.

Päonien brauchen und lieben Sonne. Erhalten sie nicht genügend Licht und Sonne, so wirkt sich dies negativ auf ihr Blühverhalten aus. Allerdings variiert der ideale Standort je nach geografischer Lage. Im Mittelmeerraum ist es ratsam, für den Anfang einen Standort ohne direkte Sonneneinstrahlung nach der Mittagszeit zu wählen. Sie sollten daher einem Platz im Südosten den Vorzug geben. In den Regionen wiederum, wo die Gefahr von Spätfrösten besteht, vermeidet man einen Ort in östlicher Lage, denn ein zu schnelles Auftauen nach dem Frost beeinträchtigt die Qualität der Blüte. Man pflanzt daher Pfingstrosen vorzugsweise im Westen, um eine zu starke Sonneneinstrahlung am Morgen zu vermeiden. Unabhängig davon, welche Möglichkeiten Sie diesbezüglich in Ihrem Garten umzusetzen vermögen, fordert die Päonie überall eine Lage in der Vollsonne.

WELCHE BODENVERHÄLTNISSE?

Vorrangig zu beachten ist hier, dass Pfingstrosen keine Staunässe tolerieren. Es ist daher unbedingt erforderlich, sie in Böden mit gutem Wasserabzug zu pflanzen.

Davon abgesehen, mögen Päonien nicht zu schwere und zu sandige Böden. Ist Ihr Erdreich im Garten vorwiegend sandig, so ist es nötig, diesem eine Gabe aus frischem Mist, Komposterde, Torf oder Bentonit zuzusetzen. Ist Ihr Boden vorwiegend schwer, sollten Sie für eine gute Dränage sorgen, indem Sie ihn mit Sand, Torf und Hornmehl auflockern.

Was den pH-Wert des Bodens betrifft, so bevorzugen Päonien auch hier das Mittelmaß: Pfingstrosen brauchen ein Substrat, das weder zu sauer noch zu basisch ist, tolerieren jedoch eine weite Bandbreite in der Mitte. In extremen Fällen wird ein höherer Kalkanteil besser vertragen als ein zu hoher Säureanteil.

WELCHE UMGEBUNG?

Die Päonie, ob Staude oder Strauch, benötigt eine angemessene Umgebung, das heißt einen gut aufbereiteten Boden und keine unmittelbare Konkurrenz durch andere Pflanzen. Sie braucht unbedingt ein nährstoffreiches Substrat. Einer Staudenpäonie sollten Sie einen Raum von 90 x 90 Zentimetern geben. Bei Strauchpäonien erhöhen sich die Abmessungen auf 1,20 x 1,20 Meter.

WELCHE NUTZUNG?

Die Päonie entwickelt sich zu einer ausladenden Pflanze. Sie kann daher sehr gut solitär (bei Strauchpäonien) und in Gruppen zu dritt (bei Staudenpäonien) gepflanzt werden. Nichts sollte Sie jedoch daran hindern, die Wirkung dieser Pflanze zu erhöhen, indem Sie sie zur Auspflanzung von Flächen oder Rabatten einsetzen, als Umrandung eines Potagers beziehungsweise Blumen-Gemüse-Gartens, als Umfriedung eines Innenhofs, als Trennung zwischen zwei Gartenteilen usw. Allerdings sollte man dabei beachten, dass im Winter – auch bei Strauchpäonien – die dekorative Wirkung ausbleibt. Schließlich ist selbst das Astgerüst einer Strauchpäonie wenig attraktiv.

Päonien bieten sich auch für eine massierte Pflanzung oder eine gemischte Rabatte an. Sie lassen sich gut mit einjährigen oder mehrjährigen Bodendeckern, Zwerg-Koniferen oder anderen Blütensträuchern kombinieren. Beachten Sie in jedem Fall, dass Päonien ausgesprochen hungrige Wurzeln besitzen, die keine Konkurrenz tolerieren.

KULTUR UND PFLEGE

DER KAUF

Haben Sie eine Schwäche für Pfingstrosen, dann dürften Sie kein Problem haben, in Gärtnereien oder Baumschulen Pflanzen nach Ihrem Geschmack zu finden. Auch im Versandhandel werden Päonien angeboten. Im Allgemeinen kommen sie in zwei Formen in den Handel: als wurzelnackte Pflanze oder als Containerware. Von der Qualität her sind beide vergleichbar. In der Praxis ist es die Jahreszeit, in der Sie pflanzen möchten, die die Entscheidung für die eine oder andere Ware bestimmt.

AUSWAHL DER PFLANZE

Es versteht sich von selbst, dass man eine gesunde und kräftige Pflanze auswählt. Dabei ist es gleichermaßen wichtig, ihre Herkunft und den exakten Namen der Sorte zu kennen. Beide Informationen sollten auf dem Pflanzenetikett erscheinen.

Im Gegensatz zu den herrschenden Vorurteilen sind Pfingstrosen alles andere als schwierig: Eine gesunde Pflanze in ordentlicher Größe sollte sehr schnell blühen. Und es gibt keinen Grund, warum dies (bei einer Staudenpfingstrose) nicht schon ab dem ersten Jahr der Fall sein sollte.

WURZELNACKTE PFLANZEN

Diese Pflanzenform sollten Sie wählen, wenn Sie die Pflanze in einem Zeitraum von Mitte September bis Ende Februar beziehungsweise Anfang März in die Erde bringen möchten. Nach der ersten Märzhälfte allerdings ist es nicht mehr ratsam zu pflanzen, denn dann beginnt die Vegetationszeit der Pfingstrosen. Selbstverständlich variieren diese Zeitfenster je nach den klimatischen Bedingungen und Sorten.

Eine wurzelnackte Pflanze sollte frisch aus der Erde kommen. Die Wurzeln und Knospen müssen fest und dürfen nicht welk oder schrumpelig sein.

Bei Staudenpfingstrosen ziehen Sie am besten eine Pflanze mit starken Wurzeln und großen Augen einem Exemplar mit zahlreichen, jedoch feinen Wurzeln und kleinen Augen – selbst wenn reichlich vorhanden – vor. Dieselbe Empfehlung gilt für die Knospen, die in einem ausgewogenen Verhältnis zum Wurzelsystem stehen müssen – das heißt gering in der Zahl, aber entsprechend den Wurzeln groß und gut geformt.

Bei Strauchpäonien ist es schwieriger, die Qualität einer Pflanze zu erkennen. Tatsächlich können Erscheinungsform und charakteristische Merkmale von Strauchpfingstrosen je nach Sorte merklich variieren. Achten Sie daher darauf, dass die Pfropfstelle gut verheilt ist. Was das Holz betrifft, so sollte es fest und solide sein und mehrere pralle, über die Länge der Äste verteilte Knospen aufweisen.

PÄONIEN ALS CONTAINERWARE

Der Erwerb von Containerware bietet sich für eine Pflanzung im Frühjahr (bis Mai) an.

Bei dieser Warenform sollte eine Staudenpäonie einen 2-Liter-Behälter ausfüllen und zwei bis vier wüchsige und feste Triebe vom Durchmesser einer Malkreide um den Stamm aufweisen. Mit Ausnahme einiger besonderer Sorten lassen zahlreiche schmale und dünne Sprosse auf einen Erschöpfungszustand der Pflanze schließen.

Allerdings besteht kein Anlass zur Sorge, wenn Sie beim Austopfen nur wenige Feinwurzeln finden. Die Pfingstrose braucht viel Zeit, um zu verwurzeln. Wenige Feinwurzeln sind lediglich ein Anzeichen dafür, dass die Pflanze nicht mehrere Jahre zwangsweise in demselben Topf ihre Wurzeln ausbilden musste.

Bei Strauchpäonien gelten dieselben Anforderungen. Das Laub sollte so üppig wie nur möglich erscheinen. Große Blätter an langen Stielen sind das Zeichen für ein kräftiges und gesundes Wurzelsystem.

VERSANDHANDEL

Der Erwerb einer Pfingstrose über den Versandhandel ist ein sehr modernes Kaufverfahren, das es ermöglicht, neueste wie auch alte Sorten zu erwerben, nach denen Sie möglicherweise schon jahrelang gesucht haben. Gleichzeitig bietet es die Möglichkeit, beim Studium der Sammlerkataloge die eigenen Kenntnisse über diese so überaus faszinierenden Pflanzen zu vertiefen. Gut verpackt, übersteht die Pfingstrose den Versand per Post als wurzelnackte Ware von Ende September bis Ende Februar sehr gut.

Um Sicherheit über die Herkunft der Pflanze zu erhalten, wenden Sie sich an spezialisierte Züchter. Das gibt Ihnen gleichzeitig die Möglichkeit, Ihre Wahl aus einer großen Palette qualitativ hochwertiger Pflanzen zu treffen, und gewährleistet die Echtheit der angeforderten Sorte. Darüber hinaus sind die Züchter jederzeit bereit und in der Lage, Fragen betreffend Kultur und Pflege der entsprechenden Pfingstrose kompetent zu beantworten. Die Investition, die mit dieser Kaufart verbunden ist, wird sich auf lange Sicht als lohnend erweisen.

Es gibt Versandgärtnereien, die neben vielen anderen Pflanzen auch Päonien anbieten, wobei die Herkunft der Exemplare sehr unterschiedlich sein kann.

Wie alle wurzelnackten Pfingstrosen müssen die über den Versandhandel bezogenen Pflanzen so schnell wie möglich nach Erhalt in die Erde gebracht werden. Falls dies nicht möglich ist, sollten Sie sie an einem kühlen Ort (Keller, Garage oder sogar im Gemüsefach des Kühlschranks) lagern. Es ist nicht nötig, die Wurzeln zu wässern oder einem Tauchbad zu unterziehen: Ein Wässern nach der Pflanzung genügt.

Eine dreijährige Strauchpäonie – sorgfältig für einen schadlosen Versand verpackt. Pfingstrosen überstehen dann einen Transport problemlos (rechts).

PRINCESSE AMELIE

DIE PFLANZUNG

Eine gute Bodenaufbereitung garantiert das gesunde Gedeihen und eine zuverlässige Blüte sowohl der Staudenpäonien als auch der Strauchpäonien nach der Pflanzung. Dieser Arbeitsgang sollte daher ernst genommen werden. Außerdem besteht bei der artgerechten Pflanzung ein deutlicher Unterschied zwischen Strauch- und Staudenformen.

AUSHUB DES PFLANZLOCHS

Das Pflanzloch muss groß sein, um die ziemlich langsame Wurzelentwicklung zu erleichtern:

- **Bei Staudenpfingstrosen oder zwei- bzw. dreijährigen Strauchpfingstrosen** heben Sie ein 40 Zentimeter tiefes, ebenso langes wie breites Pflanzloch aus.
- **Bei älteren Strauchpfingstrosen** erhöhen sich die Maße des Pflanzlochs proportional zur Pflanzengröße. Für eine zehnjährige Pflanze zum Beispiel kann ein Pflanzloch von 80 Zentimeter Tiefe, Länge und Breite nötig sein.

AUFBEREITUNG DES BODENS

Die Vorbereitung des Bodens besteht aus drei vordringlichen Arbeitsgängen: dränieren, auflockern und anreichern.

DRÄNIEREN

Bei staunassen Böden ist es sehr wichtig, auf dem Grund des Pflanzloches für einen guten Wasserabfluss zu sorgen. Bei sehr schweren Böden kann es sogar notwendig werden, tiefer zu graben als üblich, um den Wasserabfluss zu optimieren. Für eine gute Dränage mischen Sie auf dem Boden des Pflanzlochs Kies oder natürliche Puzzolane (vulkanischen Tuff) ein.

AUFLOCKERN

Um ein gutes Wurzelwachstum zu fördern, muss die Erde aufgelockert werden, indem man Weißtorf und Sand unter das vorhandene Substrat gibt. Diese Mischung sollte zu jeweils gleichen Teilen aus Erde, Torf und Sand bestehen. Auch Kompost ist an der Auflockerung des Bodens beteiligt.

ANREICHERN

Eine gute Düngergrundlage ist hier unumgänglich. Sie kann aus gut humifiziertem Kompost, aus gut verrottetem Mist oder aus einem organischen Dünger auf der Basis von Hornspänen, Algen, getrocknetem Blutmehl oder Trockendünger bestehen. In allen Fällen wird dieser Dünger unter das Substrat gemischt, damit die Pfingstrose davon unmittelbar profitieren kann, ohne dass ihre Wurzeln Schaden nehmen.

ARTGERECHTE PFLANZUNG EINER STRAUCHPFINGSTROSE

Die Strauchpfingstrose ist auf eine Unterlage aufgepfropft, die schlicht aus der Wurzel einer Staudenpfingstrose besteht. Diese Veredelungsunterlage dient lediglich der Ernährung des Edelreisers (eben der gewünschten Strauchpfingstrose) in der Zeit bis zu dessen Wurzelausbildung. Diese kann je nach Sorte ein bis zehn Jahre in Anspruch nehmen.

Soll dieser Prozess positiv verlaufen, muss das Edelreis ausreichend tief in die Erde gesetzt werden, damit sich seine Wurzeln an der Basis des Pfropfreises (über der Pfropfunterlage) entwickeln können. Es ist daher nötig, die Pfropfstelle je nach Alter des Pfropflings fünf bis zehn Zentimeter tief in die Erde zu geben. Ist die Veredelungsstelle gut mit Erde bedeckt und hat Wurzeln ausgetrieben, treibt die Strauchpäonie an der Spitze ihrer Wurzeln Knospen aus. Das begünstigt die Bildung zahlreicher Zweige, die dem Strauch ein ausgewogenes Erscheinungsbild verschaffen.

ARTGERECHTE PFLANZUNG EINER STAUDENPFINGSTROSE

Eine Staudenpfingstrose muss – das versteht sich von selbst – vollständig in die Erde eingegraben werden. Am besten bedeckt man die Augen mit maximal zwei bis drei Zentimeter Erde. Aber Vorsicht: Gibt man sie zu tief in die Erde, kann dies einen teilweisen oder vollständigen Ausfall der Blüte nach sich ziehen.

Junge Triebe der Staudenpfingstrose erscheinen in einem Topf. Diese Triebe sollten vital, nicht zu dünn und entsprechend der Topfgröße nicht zu zahlreich sein (rechts).

Gut verzweigte, dreijährige Strauchpäonie im Topf (links). Dreijährige, wurzelnackte Strauchpäonie (Mitte). Zur Pflanzung einer Stauden- oder Strauchpäonie benötigt man eine Substratmischung, die zu jeweils einem Drittel aus Sand, Torf und guter Gartenerde besteht. Dieser fügt man einen bewährten organischen Dünger hinzu. Nur so entsteht ein nährstoffreiches, gut durchlüftetes Substrat (rechts).

DIE BLÜTE

Ob Strauch- oder Staudenpfingstrose, als Einzelpflanze oder in Gruppenpflanzungen, die Blüte steht immer im Vordergrund des Interesses. Aus Aussaat gezogen, benötigen beide Pfingstrosenarten möglicherweise fünf bis sieben Jahre, bis die ersten Blüten erscheinen! Diese Tatsache macht es verständlich, weshalb bei der Züchtung neuer Sorten so viel Geduld gefragt ist – was allerdings nur für den Züchter und den ambitionierten Gärtner gilt. Der Neuling sollte wissen, dass die im Verkauf angebotenen Pfingstrosen durch Teilung (Staude) beziehungsweise durch Veredelung (Strauch) entstanden sind und ihre Blüte daher wesentlich früher eintritt.

FÜR EINE ÜPPIGE UND SCHÖNE BLÜTE

Bei Staudenpfingstrosen kann die erste Blüte zwischen dem ersten und dritten Jahr nach der Pflanzung erscheinen. Alles hängt von der Vitalität und dem Gesundheitszustand der entsprechenden Pflanze ab. Eine Pflanze mit einer Wurzel und einem Auge braucht gut und gern drei Jahre, um zu blühen. Bei einer Pflanze mit vier oder fünf Wurzeln und drei oder vier großen Augen dagegen stehen die Chancen gut, dass sie schon im ersten Frühjahr blüht – vorausgesetzt, sie wurde unter günstigen Bedingungen gepflanzt. Dasselbe gilt für Strauchpfingstrosen, wobei die Blüte in den beiden ersten Jahren etwas spärlicher ausfallen dürfte. Es ist daher stets von Vorteil, dreijährige, gepfropfte Exemplare zu pflanzen.
Auch wenn die Blüte im Umfang je nach Sorte variiert, so blühen sie doch alle! Alles hängt von der Pflanzung ab: Erfolgt sie in optimalen Verhältnissen und erfährt die Pflanze einfache aber wirksame Pflege, wird sich die Blüte immer wiederholen.

WENN IHRE PFINGSTROSE NICHT BLÜHT

Auch bei gesunden und vitalen Pflanzen kann es für ein Ausbleiben der Blüte mehrere Ursachen geben:

STAUDENPFINGSTROSE

✦ ***Sie wurde zu groß gepflanzt***
Im Idealfall ist das Pflanzgut nach der Teilung im Durchmesser handgroß. Ist es größer, sollte man die Pfingstrose vor der Pflanzung nochmals teilen. (Vorsicht: Das bedeutet nicht, dass eine Päonie beim Umpflanzen zwangsläufig geteilt werden muss, um zu blühen!)

✦ ***Sie wurde zu tief in die Erde gesetzt***
Die Knospen sollten mit einer Erdschicht von zwei bis drei Zentimetern bedeckt sein – niemals mehr!

STAUDEN- UND STRAUCHPFINGSTROSE

✦ ***Zu wenig Sonne***
Ein Minimum von einem halben Tag Sonneneinstrahlung ist für eine gute Blüte notwendig. In regenreichen Gegenden kann diese Periode länger dauern, in mediterranen Regionen dafür etwas kürzer.

✦ ***Es fehlt an Dünger***
1. Sie leidet unter der Konkurrenz benachbarter Pflanzen. Man sollte in diesem Fall den Standort überdenken (nicht eingehaltene Pflanzabstände).
2. Es handelt sich um eine betagte Pflanze in nährstoffarmem Substrat.
3. Die Pflanze wächst in einem von Natur aus kargen Boden, der eine regelmäßige Aufbesserung fordert.

✦ ***Sie wurde in schwerem, verdichtetem Boden gepflanzt***
Der Boden um die Pfingstrose muss gründlich mit Sand und Torf durchmischt sein. Im Fall von zu schweren und schlechtestenfalls staunassen Böden faulen die Wurzeln. Es ist in einem solchen Fall das Beste, die Pflanze aus dem Boden zu nehmen, sie mit dem Gartenschlauch zu reinigen, sie zu teilen (oder die Wurzeln einer kleinen Pflanze zu beschneiden), die fauligen Teile der Wurzeln (schwarz, braun oder weich) zu entfernen und die einzelnen Pflanzen einen oder zwei Tage an der Oberfläche an einem luftigen Ort trocknen zu lassen, bevor man sie wieder einpflanzt.

✦ ***Sie ist von der Blattfleckenkrankheit befallen***
(siehe Seite 32)

PFINGSTROSEN STETS REICHLICH PFLÜCKEN

Blütensträuße schneidet man vorzugsweise von Staudenpfingstrosen, denn die Blüten der Strauchpäonien besitzen nur kurze Stängel.
Möchten Sie einen üppigen Strauß Pfingstrosen zusammenstellen, der Sie mehr als zehn Tage erfreut, sollten Sie einige Regeln befolgen:

- Warten Sie drei bis vier Jahre nach der Pflanzung, bis Sie Blüten schneiden. Die ersten Jahre profitiert die Pflanze auf diese Weise von einem Maximum an Blättern, um ihre Reserven wieder aufzuladen. Zu demselben Zweck ist es in den folgenden Jahren empfehlenswert, drei bis vier Blätter an jedem Stängel zu belassen.

- Damit die Blüten möglichst lange halten, sollten Sie diese am frühen Morgen schneiden. Scheuen Sie sich nicht, sie im fortgeschrittenen Knospenstadium zu schneiden, das heißt dann, wenn Sie bereits die Farbe der Blütenblätter erkennen können!

Entwicklung einer Staudenpäonienblüte.
Blütenknospe einer Staudenpfingstrose (links). Entfaltung der Blüte. Die kleine, rosafarbene Knospe links zeigt das ideale Stadium, um geschnitten zu werden. Dies sollte vorzugsweise am frühen Morgen geschehen (Mitte)! Vollständig aufgeblühte Pfingstrosenblüte (rechts).

LAUFENDE PFLEGEMASSNAHMEN

Die Pfingstrose ist keine besonders anspruchsvolle Pflanze. Ein wenig Aufmerksamkeit, einige einfache Pflegemaßnahmen, und sie wird es Ihnen viele Jahre mit anhaltender Blüte im Garten danken.

DIE BEARBEITUNG DES BODENS

Lockern Sie den Boden regelmäßig und besonders nach anhaltenden oder heftigen Regenfällen im Frühjahr oberflächlich mit Hacke oder Schaufel auf. Auf diese Weise vermeiden Sie eine verdichtete Oberfläche und erleichtern den Wasserabfluss.

Um das Aufkommen von Unkräutern zu vermeiden und falls Ihr Boden nicht feucht sein sollte, können Sie auch mulchen. Dennoch ist es immer ratsam, einen Umkreis um den Fuß der Pflanze unbedeckt lassen.

DAS GIESSEN

Und noch einmal: Pfingstrosen mögen es nicht übermäßig feucht. Am besten bekommt ihnen ein frischer, gut dränierter Boden.

Während der ersten beiden Jahre nach der Pflanzung ist in Trockenperioden eine wöchentliche Wässerung weitgehend ausreichend. Reduzieren Sie diese Wassergabe, wenn das Substrat die Feuchtigkeit gut hält. In der Folge ist es ratsam, vor und nach der Blüte und in sehr trockenen Perioden alle zehn bis 15 Tage zu gießen.

Erhöhen Sie auf keinen Fall die Gießmenge, wenn Sie merken, dass einige Blätter im Sommer zu »verbrennen« drohen. Dafür ist möglicherweise nicht die Sonneneinstrahlung, sondern ein Pilz (*Cladosporium paeoniae*, siehe Seite 32) verantwortlich, dessen Entwicklung man mit exzessiven Wassergaben nur noch begünstigt.

DIE DÜNGUNG

Jeden Herbst wird eine reichliche Humusgabe notwendig. Diese geschieht in Form einer angemessenen Menge von gut verrottetem Mist, die Sie um die Pflanze herum verteilen. Dieser wird im Frühjahr vor der folgenden Auflockerung des Bodens untergegraben. Sie können auch andere organische Dünger wie Hornspäne, Knochenmehl oder die Feuchtigkeit bindende Stoffe auf der Basis von Mist oder Schafwolle verwenden.

Eine Kunstdüngergabe ist zweitrangig, kann sich jedoch bei kümmernden Pflanzen als nützlich erweisen. Zwei Besonderheiten sollte man dabei vor der Düngerwahl beachten: Pfingstrosen reagieren besonders positiv auf Kaliumcarbonat, das ihre Blüte begünstigt. Mit Stickstoffdünger allerdings sollte man vorsichtig sein, da dieser die Blätter schwächt und die Entwicklung der Grauschimmelkrankheit fördert. Im Allgemeinen ist es ratsam, einmal im Jahr mit Kaliumcarbonat zu düngen.

PFLANZENSTÜTZEN

Bestimmte Pfingstrosensorten mit schwachen Stängeln und besonders schweren Blüten müssen gestützt werden. Dieses kann in Form von Metallringen an einer Stange geschehen, die am Ende eine Spitze hat, mit der sie in den Boden gesteckt werden kann. Die Stütze wird angebracht, sobald die Blätter zu sprießen beginnen. Hat sich das Laub einmal entwickelt, verdeckt es die Stütze vollkommen.

Eine Stütze kann sich ebenfalls bei solitär stehenden Pfingstrosenpflanzen als nützlich erweisen, möchte man vermeiden, dass sich die Blütenstängel bei starkem Wind oder heftigem Regen niederlegen. Steht die Pflanze allerdings in einer Gruppe, findet sie an den Nachbarpflanzen Halt.

Pflanzenstützen werden nur bei bestimmten Staudenpäoniensorten nötig. Im Großen und Ganzen halten die Pfingstrosenstängel ihre Blüten gut, sind die Pflanzen entsprechend mit Nährstoffen versorgt, und profitieren sichtbar von einer Düngergabe mit Kaliumcarbonat beziehungsweise Pottasche.

Junge Frühjahrstriebe einer Strauchpfingstrose. Dabei ist gut zu erkennen, dass sich die Blütenknospen bereits geöffnet haben (rechts).

DER SCHNITT VON PÄONIEN

Päonien müssen streng genommen nicht geschnitten werden. Was die Strauchpfingstrosen betrifft, so dient eine solche Maßnahme allein dem Zweck, der Päonie eine harmonische Form zu geben. Bei den Staudenpfingstrosen und den Itoh-Hybriden oder sogenannten Intersektionellen Hybriden konzentriert sich ein Schnitt auf ein schlichtes »Ausputzen« und Säubern der Pflanze.

SCHNITTMASSNAHMEN BEI STRAUCHPÄONIEN

Der Schnitt einer Strauchpfingstrose ist ein einfaches Unterfangen, für das es keine festen Regeln gibt. In den meisten Fällen muss eine Strauchpfingstrose gar nicht geschnitten werden. Ist sie unter günstigen Voraussetzungen gepflanzt worden, wird sie sich gleichmäßig verzweigen, bis sie schließlich von selbst eine natürlich ausgewogene Strauchform bildet.

DER PFLEGESCHNITT

Hier handelt es sich darum, alle abgestorbenen oder vertrockneten Strauchteile zu entfernen. Nach der Blüte schneiden Sie als Erstes die verwelkten Blüten ab. Auf diese Weise verhindern Sie, dass diese verfaulen, was ein Auftreten von Krankheiten begünstigt.

Zum Winterende schließlich, wenn die Knospen zu schwellen beginnen, ist es aus ästhetischen, aber auch aus pflanzenhygienischen Gründen vorteilhaft, das tote Holz herauszuschneiden.

DER FORMSCHNITT

Die Notwendigkeit eines Formschnitts ergibt sich nur selten: Wenn die Pflanze zum Beispiel nicht tief genug eingepflanzt wurde oder sich in einem zu schweren beziehungsweise zu nährstoffarmen Substrat befindet, kann sich eine Päonie nicht einwandfrei verzweigen. Sie entwickelt sich dann aus einem oder zwei dürftigen, an der Basis nackten Ästen, die zu lang werden und sich unter der Masse der Blüten niederbiegen. Ist das der Fall, bietet die Pflanze einen wenig ansprechenden Anblick. Um dieses Erscheinungsbild zu verbessern, schreiten Sie im Herbst zur Tat.

Von Oktober bis Dezember schneiden Sie die Pflanze bis zum Boden zurück, um die Bildung von Knospen an der Basis zu fördern. Arbeiten Sie dann einen organischen Dünger in den Boden ein und sorgen Sie für ein gut durchlüftetes Substrat. Bildet Ihre Pfingstrose nur zögerlich oder wenig Holz aus und produziert zahlreiche Triebe im Wurzelbereich, verliert sie an Reiz und hört auch bald auf zu blühen. Es ist daher unabdingbar, die Triebbildung im Frühjahr zu unterbinden. Auf diese Weise wird der Saft in die Zweige geleitet, die Sie erhalten wollen. Auch hier muss die Pflanze unbedingt mit einer Gabe organischen Düngers – vorzugsweise Kaliumcarbonat, also mit Pottasche – gestärkt werden.

BEHANDLUNG VON SCHÄDEN

Bei Strauchpäonien kann ein Schnitt auch dann notwendig werden, wenn Zweige durch Stürme, Schneedruck, vorbeistreifende Tiere, unaufmerksame Passanten, Rasenmäher usw. mechanisch beschädigt oder abgebrochen wurden. Bei jungen Exemplaren – ihnen gilt verständlicherweise unsere größte Sorge – hängt das Resultat der Beschädigung von der Pflanztiefe ab. Ist die Pfropfstelle gut mit Erde bedeckt, ist es wahrscheinlich, dass sie solche Widrigkeiten schadlos übersteht und die Knospen, die sich in ihrem Umfeld gebildet haben, nicht verletzt sind. Die Chancen einer Erholung der Pflanze sind daher groß. Schneiden Sie das verletzte Holz sauber ab, mischen Sie etwas Torf unter das Substrat, und geben Sie dem Strauch durch drei Stützen Halt.

Ist die Pfropfstelle nur dürftig mit Erde bedeckt und daher verletzt, können sich keine Knospen ausbilden. Und damit ist die Wahrscheinlichkeit, dass sich die Pflanze erholt, nicht gegeben oder sehr gering.

Bei sehr alten und bereits gut verzweigten Pflanzen genügt es, das beschädigte Holz zu entfernen, um ein ausgewogenes Erscheinungsbild wiederherzustellen. Auch wenn der Strauch ernsthaft verletzt ist, sind die Überlebenschancen sehr gut.

DER SCHNITT EINER STAUDENPÄONIE

Der Begriff Schnitt ist bei einer Staudenpfingstrose kaum zutreffend, denn die Pflanze zieht ihre oberirdischen Teile im Winter ein. Ein Schnitt besteht bei Staudenpfingstrosen eigentlich nur aus einer herbstlichen Pflege- und Säuberungsmaßnahme: Schneiden Sie das Laub am Ende der Vegetationszeit im September/Oktober bis auf zehn Zentimeter über dem Boden herunter.

Das Schneiden von Blüten ist einer Schnittmaßnahme vergleichbar, denn um Blütenstiele der gewünschten Länge zu erhalten, muss zuvor eine größere Anzahl von Blättern entfernt worden sein. In jedem Fall sollten drei oder vier Blätter an der Basis jeden Stängels verbleiben, um die Entwicklung der Pfingstrose nicht zu stören.

Säuberungsschnitt einer Strauchpäonie
Nach dem Schnitt (oben). Acht- bis zehnjährige Strauchpäonie zum Winterende vor dem Schnitt (links). Nahaufnahme der jungen Triebe und der zu entfernenden, trockenen Zweige (Mitte). Verblühte Blüten einer Staudenpäonie (rechts).

DIE VERMEHRUNG

Aus den dekorativen Pfingstrosen, die bereits Ihren Garten zieren, zahlreiche, neue Exemplare zu erhalten ist nicht unmöglich – vorausgesetzt, Sie gehen mit Sorgfalt, Genauigkeit und Geduld vor. Für die Vermehrung Ihrer Pfingstrosen stehen Ihnen mehrere Methoden zur Verfügung: die sogenannte vegetative Vermehrung (Teilung von Wurzelstöcken, Pfropfung) und die generative Vermehrung durch Aussaat. Beim erstgenannten Verfahren erhalten Sie Klone der Mutterpflanze, während bei letzterer Methode in jedem Fall ein neues Individuum entsteht. Damit haben Sie die Qual der Wahl, wie Sie zu Ihrer schönsten Pfingstrose kommen möchten.

DIE TEILUNG DER STAUDE

Dieses Vorgehen vollzieht sich in drei Abschnitten: das Ausgraben der Pflanze, die Teilung und das Wiedereinpflanzen der neu gewonnenen Pflanzenteile.

BEI STAUDENPFINGSTROSEN

Ausgraben

Es ist ratsam, den Pfingstrosenhorst in seiner Gesamtheit aus der Erde zu nehmen und nicht nur einen Teil abzustechen, möchte man die Mutterpflanze erhalten. Beim Ausgraben sollten Sie darauf achten, die verhältnismäßig langen Wurzeln nicht zu verletzen, sondern das Wurzelsystem unbeschadet aus der Erde zu nehmen. Reinigen Sie die Pflanze anschließend mit dem Gartenschlauch, um ein genaues Bild vom Wurzelsystem zu gewinnen und damit die beste Voraussetzung für eine Teilung ohne Beschädigung einzelner Pflanzenteile zu schaffen.

Teilung

Nachdem Sie die oberirdischen Pflanzenteile abgeschnitten haben, teilen Sie die Pflanze vertikal mithilfe eines Gartenmessers (Hippe) in mehrere Teile, wobei jeder Teil jeweils zwischen drei und fünf Wurzeln und ebenso viele Knospen aufweisen sollte. Nutzen Sie diesen Vorgang gleichzeitig, um ungesunde (schwarze, braune oder faulige) Partien zu entfernen. Möchten Sie eine Staudenpfingstrose umpflanzen, sollten Sie wissen, dass Sie diese teilen müssen (dies gilt im Übrigen für die meisten Stauden), möchten Sie in Zukunft nicht auf ihre Blüte verzichten. Vorsicht: Dies bedeutet allerdings nicht, dass Pfingstrosen zwangsläufig geteilt werden müssen, um zu blühen! Eine umsichtig eingepflanzte, gut gepflegte Päonie auf einem optimalen Standort kann über ein Jahrhundert lang blühen!

Pflanzung der Teilpflanzen

Hierbei gehen Sie nach den auf Seite 20 beschriebenen Kriterien vor.

BEI STRAUCHPFINGSTROSEN

Die Teilung von Strauchpfingstrosen lässt sich nur dann durchführen, wenn diese sich frei von ihrer Pfropfunterlage entwickelt hat (siehe rechte Seite) oder wenn die Pflanze selbst durch Teilung gewonnen wurde. Dann gehen Sie nach demselben Prinzip vor wie bei einer Staudenpfingstrose, wobei allerdings einige Besonderheiten beachtet werden müssen.

Ausgraben

Dieser Vorgang vollzieht sich wie bei einer Staudenpfingstrose mit dem Unterschied, dass, sollte es sich um eine sehr alte Strauchpfingstrose handeln, die Ausmaße der Pflanze sowie das Wurzelvolumen wesentlich größer sind. Darüber hinaus möchte man sie so wenig wie möglich beschädigen, was die Angelegenheit einigermaßen schwierig macht: Ziehen Sie nicht zu fest an den Zweigen, die im Verhältnis zum schweren Wurzelballen sehr brüchig und schwach sind. Ist die Pfingstrose einmal aus der Erde genommen, reinigen Sie die Wurzeln wie die der Staudenpfingstrose und entfernen anschließend die kranken oder schlechten Partien (Wurzeln oder Zweige).

Teilung

Die Teilung der Pflanze bewerkstelligt man von Hand oder, wenn unbedingt nötig, mithilfe eines Fuchsschwanzes, eines großen Messers oder eines scharfen Spatens. Die Strauchpfingstrose kann in zwei oder drei Teile geteilt werden. Bevor Sie diese wieder in die Erde geben, sorgen Sie für ein gutes Verhältnis von Wurzel- und oberirdischen Organen, indem Sie sie entsprechend einkürzen: etwas weniger als die Hälfte der Asthöhe bzw. der Wurzellänge der Pflanze.

Pflanzung

Diese vollzieht sich wie auf Seite 20 beschrieben.

Teilung einer Staudenpfingstrose. Die große Teilpflanze kann schon ein Jahr nach der Pflanzung blühen. Der kleinere Teil braucht drei Jahre, um Blüten anzusetzen (rechts).

DAS PFROPFEN (VEREDELUNG)

Pfingstrosen werden in den Monaten August und September gepfropft. Dabei wird ein Astabschnitt einer Strauchpfingstrose mit einem oder zwei Augen (Edelreis) auf eine Staudenpfingstrosenwurzel (Pfropfunterlage) aufgesetzt. Letztere dient zur Ernährung der Pflanze (Ammenveredelung), bis diese selbst Wurzeln ausgetrieben hat und sich von der Unterlage löst. Diese Art der Veredelung ist die häufigste Vermehrungsmethode bei Strauchpfingstrosen und wird nur bei ihnen angewandt. Es ist ein durchaus schwieriges Verfahren und bleibt daher größtenteils in der Hand erfahrener Baumschulgärtner. Falls Sie sich jedoch daran versuchen möchten, halten Sie sich bitte an folgende Maßgaben:

Als **Edelreis** suchen sie den Abschnitt eines Jahrestriebes aus, der zwei gut entwickelte Knospen trägt.

Als **Unterlage** verwenden Sie eine sieben bis zehn Zentimeter lange Wurzel mit einem Durchmesser von zwei bis drei Zentimetern.

Schneiden Sie den unteren Teil des Edelreises schräg ab und schieben Sie diesen in den Spalt identischer Größe, den Sie in den oberen Teil der Wurzelunterlage geschnitten haben.

Nachdem Sie das Edelreis fest mit Bast mit der Unterlage verbunden haben, bestreichen Sie die Pfropfstelle mit einem Wundverschlussmittel und pflanzen das Exemplar in ein leichtes Bodensubstrat, indem Sie dafür sorgen, dass die Veredelungsstelle gut mit Erde überdeckt ist. Statt Bast können Sie auch Anpressband oder -gummi verwenden.

Nachdem Sie das Edelreis anschließend mit einer Glasglocke oder einem Glaskasten bedeckt haben, halten Sie es schwach feucht. Zu viel Nässe schadet. Die Vernarbung geschieht bereits während der ersten fünf Wochen, doch die Verwachsungsstelle ist erst im folgenden Frühjahr stabil verheilt. Je nach Sorte kann die Pflanze sich bereits vor dem ersten Jahr von der Unterlage zu lösen beginnen und eigene Wurzeln gebildet haben. Der Vorgang kann bei einigen Exemplaren fünf bis zehn Jahre dauern oder sogar ausbleiben, wenn die veredelte Pflanze nicht tief genug in den Boden gesetzt wurde. Es versteht sich von selbst, dass für den Fall, dass die Verwachsungsstelle nur ungenügend mit Erde bedeckt ist, das Edelreis auch keine Wurzeln ausbilden kann – daher ist es wichtig, die Pfropfstelle bei der Pflanzung fünf bis zehn Zentimeter tief in die Erde zu setzen.

DIE AUSSAAT

Wir sprechen an dieser Stelle nur von Saatgut, das von den Balgfrüchten geerntet wurde, die von der Natur, zum Beispiel von Insekten, aber nicht durch gezielte züchterische Arbeit bestäubt wurden. In diesem Fall ist nur einer von zwei Elternteilen bekannt. Die Samenernte findet statt, sobald sich die Balgfrüchte vollständig geöffnet haben, also – je nach Sorte – von August bis September.

Säen Sie die frisch geernteten Samen auf einem sorgsam vorbereiteten Substrat aus – wenn möglich, in einem noch geöffneten Anzuchtkasten, was die Pflege erleichtert und den Sämling vor Tieren schützt. Das Substrat sollte leicht, tief und humusreich sein. Ideal ist ein sandiges, sterilles Substrat mit Einmischungen aus Torf, Hornspänen, Algen oder Knochenmehl. Bei einem »hausgemachten« Substrat ist laufend auf keimendes Unkraut zu achten, das gejätet werden muss.

Säen Sie die Samen in Reihen aus und bedecken Sie diese mit einer ein bis zwei Zentimeter hohen Erdschicht.

Halten Sie den Boden frisch bis zur Keimung in den folgenden zwölf bis 18 Monaten.

Nach dem Keimen belassen Sie die Jungpflanzen zwei Jahre an ihrem Standort, denn ihre Wurzeln sind noch zart.

Nach Verstreichen dieses Zeitraums kann das Auspflanzen im Herbst in einem ähnlich zusammengesetzten Bodensubstrat, jedoch in größeren Abständen voneinander, erfolgen.

Danach bleibt Ihnen nur die Pflege dieser kleinen Anzucht während der folgenden sechs Jahre, bis zur ersten Blüte der neuen Sorten.

WELCHE METHODE IST DIE RICHTIGE?

Für den Freizeitgärtner ist die Veredelung ein Vorgang, der gelernt sein will und ihm ein durchaus kritisches Jahr mit einer anfälligen Anzucht beschert. Dennoch ist das Pfropfen durchaus machbar und kann mit Umsicht, Geduld und zunehmender eigener Erfahrung zum Erfolg führen. Darüber hinaus hat diese Methode den Vorteil, dass die Mutterpflanze unbeeinträchtigt bleibt, denn nur ein kleiner Jahrestrieb muss als Veredelungsreis geopfert werden.

Die Teilung einer Pflanze ist wesentlich einfacher, das Resultat zeigt sich viel früher, und der Erfolg ist garantiert. Allerdings muss dabei das Exemplar geopfert werden, aus dem die neuen Pflanzen entstehen. Hängen Sie sehr an dieser Pfingstrosenpflanze, sollten Sie also gut überlegen, ob Sie sie tatsächlich aufgeben möchten.

Bei einer Aussaat werden die Eigenschaften der Mutterpflanze nicht unbedingt weitergegeben, und Sie müssen lange warten, bevor man die Früchte Ihrer Anstrengungen sehen wird. Das Resultat allerdings kann eine großartige Überraschung sein.

Junge Pfropfpflanze einer Strauchpäonie von sechs Monaten (oben). Dicker Fruchtstand einer Staudenpfingstrose (enthält einen fruchtbaren, schwarzen Samen; links). Drei Pfingstrosensamen (Mitte). Dreijähriges Pfingstrosenpflänzchen (rechts).

KRANKHEITEN: VORBEUGUNG UND HEILUNG

Nachfolgend werden die wichtigsten Krankheiten beschrieben, die Päonien befallen können. Diese Liste sollte Sie nicht abschrecken. Die zu treffenden Vorsorgemaßnahmen zur Verhinderung all dieser Probleme sind gut wirksam, einfach und natürlich. Man sollte nicht vergessen, dass die Pfingstrose eine unkomplizierte, solide und widerstandsfähige Pflanze ist, die Ihnen die Mühe und Pflege, die Sie aufwenden, hundertfach zurückgibt. Wichtig: Bevor Sie mit einer Bekämpfungsmaßnahme beginnen, müssen Sie die Schadensursache zweifelsfrei ermittelt haben. Am besten ist es, sich bei größeren Problemen von einem Fachmann beraten zu lassen.

KRANKHEITEN DER OBERIRDISCHEN TEILE

Diese sind die häufigsten:

Blattfleckenkrankheit der Päonie *Cladosporium paeoniae*

Diese Pilzkrankheit befällt Stauden- sowie Strauchpfingstrosen. Die gefährlichste Zeit für einen Befall kommt nach der Blüte, während heißer und feuchter Witterungsperioden.

Symptome: Kleine rote Flecken erscheinen auf Stängeln, Laub und gelegentlich den Blüten. Diese vermehren sich braun-schwarz und auffällig zahlreich auf den Blättern, wo sie auf der Oberseite purpurrote und auf der Unterseite braune Flecken bilden. Das Laub sieht in der Folge trocken und verbrannt aus.

Vorbeugende Maßnahmen: Sorgen Sie für ein gut durchlüftetes und wasserdurchlässiges Substrat. Verbrennen Sie sämtliche toten Blätter und Schnittreste. Besprühen Sie das Laub nach der Blüte mit einem Spritzmittel wie der Bordeaux-Mischung (wässrige Kupfer-Kalk-Lösung) oder einem anderen zugelassenen Fungizid.

Bekämpfung: Behandeln Sie das Laub alle zehn bis 15 Tage mit einem systemischen Fungizid in wässriger Lösung auf der Basis von Mancozeb (Dithane 2,5 g/l).

Päoniengrauschimmel *Botrytis paeoniae*

Diese Pilzkrankheit befällt sowohl Stauden- als auch Strauchpfingstrosen. Sie entwickelt sich vorzugsweise unter warmen und feuchten Witterungsbedingungen.

Symptome: Die ersten Kennzeichen erscheinen auf den oberirdischen Teilen der Pflanzen, wobei die Symptome bei Stauden und Sträuchern unterschiedlich sind. Bei Strauchpäonien erkennt man die Krankheit an einer plötzlichen Verschlechterung (innerhalb von zwölf oder 24 Stunden) des Zustandes des Laubes oder der Blütenknospen. Beobachten Sie den Befall der Pflanzenteile in einem sehr frühen Stadium, können Sie an deren Basis den Infektionsherd erkennen, der sich als brauner und feuchter Filz zeigt. An Staudenpfingstrosen können mehrere Symptome auftreten: bräunliche Flecken auf den Blättern, die von einem grauen und feuchten Filz überzogen sind; ein schwarzer Fleck, der gelegentlich von demselben feuchten Haarfilz an der Stängelbasis überzogen ist; kleine runde gelbe, schließlich schwärzliche Flecken an den Blütenknospen oder Blüten, die letztendlich verschrumpeln und abfallen.

Vorbeugende Maßnahmen: Verbrennen Sie abgestorbene Blätter und Schnittreste, denn sie bieten dem Parasiten weitere Entwicklungsmöglichkeiten. Geben Sie der Pflanze keinen Dünger auf der Basis von Stickstoff, der das Laub schwächt. Pflanzen Sie robuste Sorten.

Bekämpfung: Im Frühjahr, wenn die Knospen sichtbar werden, spritzen Sie das Laub in den angegebenen zeitlichen Intervallen bis zur Blüte mit einer zugelassenen Fungizidbrühe.

WURZELKRANKHEITEN

Rhizom- oder Lederfäule *Phytophtora cactorum*

Diese befällt lediglich die Staudenpfingstrosen.

Symptome: Diese sind denen der *Botrytis paeoniae* sehr ähnlich: Schwärzung und Absterben der gesamten Knospe. Bei schwerem Befall kann die gesamte Pflanze eingehen. Die befallenen Teile sehen zuweilen ledrig aus.

Vorbeugende Maßnahmen: Beseitigen Sie welke oder kranke Teile und vermeiden Sie jede Staunässe. Besser ist es, die gesamte Pflanze samt befallenem Boden zu entfernen und sie durch andere, robustere, an die speziellen Standortverhältnisse angepasste Staudenarten zu ersetzen.

Bekämpfung: Eine Bekämpfung an der akut befallenen Pflanze ist meist wenig erfolgreich. Lassen Sie sich von einem Fachmann beraten.

Verticillium-Welke *Verticillium*

Diese Pilzkrankheit befällt sämtliche Päonienarten. Sie tritt in besonders heißen Perioden auf, in denen der Wasserverlust extrem hoch ist. Der Pilz zerstört das Leitgewebe, durch das die Pflanze versorgt wird.

Symptome: Die Pflanze vertrocknet umgehend und stirbt ab.
Vorbeugende Maßnahmen: Bringen Sie vor Eintreten großer Hitzeperioden an der Basis der Pflanze eine zweiprozentige Bordeaux-Mischung aus. Diese wird etwaige Wunden am Wurzelhals gegen das Eindringen des Pilzes schützen.
Bekämpfung: Spritzungen mit üblichen Fungiziden bei akutem Befall bewirken sehr wenig, da der Pilz im Innern des Pflanzengewebes geschützt ist.

Andere mehr oder weniger gefährliche Pilze sind bei Päonien zwar bekannt, treten jedoch zum Glück selten auf – besonders, wenn man nur ein Minimum vorbeugender Maßnahmen trifft. Im Großen und Ganzen sind vorbeugende Maßnahmen zum Schutz der Päonien immer den Bekämpfungsmaßnahmen bei Akutbefall vorzuziehen.

ABSTERBEN DER PFINGSTROSEN AUFGRUND DER BODENSTRUKTUR

Zu schwere, verdichtete und vor allem zu nasse und staunasse Böden sind zu verbessern oder, wenn es gar nicht anders geht, auszutauschen, denn Pfingstrosen gedeihen unter diesen Bedingungen nicht. An staunassen Standorten gepflanzt, sind Pfingstrosen dazu verdammt, vorzeitig einzugehen.
Außerdem sollten Sie eine Pfingstrose niemals dort einpflanzen, wo zuvor eine andere stand: Zum einen ist der Boden ausgelaugt, zum anderen können noch Pilzerreger in der Erde zurückgeblieben sein. Sollten Sie sich trotz allem wieder für eine Päonie entschieden haben, ist es wichtig, die Erde vollständig zu erneuern und den Boden mit einem zugelassenen Fungizid vorbeugend zu behandeln.

ZUSAMMENFASSUNG

- Sorgen Sie für eine gute Durchlüftung und Wasserdurchlässigkeit des Bodens.
- Entfernen und verbrennen Sie abgestorbene Pflanzenteile, Blätter und die verwelkten Blüten.
- Vermeiden Sie Dünger mit einem zu hohen Stickstoffanteil.
- Vermeiden Sie es, bei zur Vernässung neigenden Böden zu mulchen oder diese mit ungenügend verrottetem Mist zu verbessern.
- Spritzen Sie die Pflanzen nach der Blüte und im Herbst mit Bordeaux-Mischung.
- Sorgen Sie dafür, dass die Pflanze eine gute, speziell auf die Päoniensorte abgestimmte Düngergabe erhält.

INSEKTEN

Wie bei den Krankheiten, sollte man auch beim Auftreten von Insektenbefall nicht in Panik geraten. Wenn Sie einige vorbeugende Maßnahmen ergreifen, vermindern Sie bereits einen großen Teil des Risikos. So empfiehlt sich zum Beispiel vor der Pflanzung in einen Rasen oder einen alten Gemüsegarten – den bevorzugten Lebensbereichen von Schnellkäfer- und Wurzelbohrerlarven, die ganz erpicht auf die Wurzeln von Pfingstrosen sind – eine Behandlung des Bodens mit einem Insektizid. Zusätzlich werden bestimmte Insekten durch Pfingstrosen angezogen, ohne dass eine Gefahr für deren Gesundheit bestünde.

FLUGINSEKTEN

GEFURCHTER DICKMAULRÜSSLER

OTIORHYNCHUS SULCATUS

Der bis zu zehn Millimeter große, düster gefärbte, grau gefleckte Käfer ist durch einen kräftigen, gestauchten, rüsselähnlichen Mundfortsatz gekennzeichnet. Dieser Rüsselkäfer schneidet im Erwachsenenstadium (Imaginalstadium) halbrunde Einkerbungen in den Blattrand. Eine Serie solcher Einkerbungen sieht zahnradartig gezackt aus. Die erwachsenen Käfer schädigen sogar ganze Pflanzen durch Fraßschäden auf der Höhe des Wurzelhalses. Die weißlichen, engerlingartigen Larven hingegen nagen an den Wurzeln und richten dort zuweilen beträchtlichen Schaden an. Schwer befallene Pflanzen können welken und schließlich absterben. Dennoch tritt ein Befall selten auf. Dieser Käfer ist nicht allein auf Päonien spezialisiert, sondern schädigt auch viele andere Pflanzen.

Vorbeugende Maßnahmen: Spritzen Sie im Mai ein- oder zweimal mit einem Kontaktinsektizid in einem Abstand von zehn bis 15 Tagen, oder bringen Sie im August ein Insektizid in Granulatform auf dem Boden aus, das die Laven tötet.

Bekämpfung: Es sollte vor Auftreten der ersten Symptome eines Befalls gehandelt werden. Bringen Sie abends ein Kontaktinsektizid als Spritzmittel aus.

FRANSENFLÜGLER THYSANOPTERA

Diese beinahe unsichtbaren Tiere, die auch Blasenfüße oder Thripse genannt werden, entwickeln sich an der Basis der Blütenblätter während warmer Witterungsperioden und befallen von Zeit zu Zeit die späten Staudenpfingstrosensorten. Die Folge des Befalls zeigt sich bei der Blüte, wenn diese braun wird und abstirbt.

Vorbeugende Maßnahmen und Bekämpfung: Im Gefahrenfall besprühen Sie die Pflanze mit einem Kontaktinsektizid – alle acht bis zehn Tage (Hinweise des Herstellers beachten) vor der Blütenknospenbildung und bis zur Blüte.

BODENINSEKTEN

WURZELBOHRER HEPIALUS LUPULINA

Die Larve dieses Schmetterlings lebt von den Wurzeln, aber auch von Knospen, die sie mehr oder weniger an- oder abfrisst. Die Päonie kümmert und kann schließlich zur Gänze absterben. Man kann die Raupen und deren Fraßschäden oft schon entdecken, wenn man vorsichtig den Wurzelhals und die oberen Wurzelpartien freilegt. Die wurmartige Larve, eine Raupe von bis zu 35 Millimeter Länge mit milchig-glasiger Färbung, ist so transparent, dass häufig der schwarze Darminhalt sichtbar wird.

Vorbeugende Maßnahmen: Mischen Sie bei der Pflanzung ein Insektizid in Form von kleinem Granulat unter das Substrat – besonders bei der Pflanzung in eine Wiese, einen Rasen oder einen alten Gemüsegarten, wo die Schmetterlinge gern ihre Eier ablegen. Nach der Pflanzung reduziert ein regelmäßiges Jäten das Risiko eines Befalls. Dasselbe gilt für das Umgraben im Winter im Umkreis der Pfingstrosen.

Bekämpfung: Bei schlimmem Befall Pflanze ausgraben und beseitigen. Andernfalls befallene Wurzelabschnitte ausschneiden. Ist Massenbefall zu befürchten, findet die Bekämpfung auf dieselbe Weise statt, indem man ein Insektizid am Fuß der Pflanze im Herbst und Frühjahr ausbringt.

NEMATODENGALLEN

Diese winzigen Fadenwürmer sind ernst zu nehmende Schädlinge der Zierpflanzen. Sie befallen die Wurzeln, indem sie dort Verformungen bilden, die sich in runden oder unregelmäßig geformten Wurzelgallen zeigen. Die Wurzeln können anschließend nicht mehr wachsen und damit auch die Entwicklung der gesamten Pflanze stören. Das heißt, die Pflanze bleibt unverhältnismäßig klein, entwickelt sich nur langsam, bildet nur kurze und wenige Zweige aus und fällt durch blass gefärbte Blüten auf. Diese Fadenwürmer werden besonders durch leichte und karge Böden begünstigt.

Vorbeugende Maßnahmen: Vor allem gilt es, die Bodenqualität durch ein optimal dosiertes Nährstoff- und Wasserangebot zu verbessern.

Bekämpfung: Auf dem Markt finden sich zwar wirksame Mittel gegen Fadenwürmer, diese sind jedoch nur professionellen Gärtnereien vorbehalten. Für den Privatgärtner bleibt in den meisten Fällen nur die traurige Option, die betroffene Pflanze zu vernichten.

FRIEDLICHE MITBEWOHNER

Bestimmte Insekten leben auf den Pfingstrosen, ohne diese zu schädigen. Das heißt, ihre Gegenwart gibt keinen Anlass zur Sorge. Hierbei handelt es sich im Besonderen um:

- Ameisen *Formicidae*, die an den Knospen der Staudenpfingstrosen klettern, angezogen durch die zuckrige Substanz, die diese ausscheiden.
- Goldgelber Rosenkäfer *Cetonia aurata*: ein fast maikäfergroßer, grünlich metallisch glänzender Blatthornkäfer, der in der Mitte der Päonienblüten (vorzugsweise der Strauchpäonien) lebt und sich von deren Pollen ernährt.

ZUSAMMENFASSUNG

Ergreifen Sie einige vorbeugende Maßnahmen, wie vor allem eine Verbesserung des Bodenzustandes (siehe entsprechende Hinweise auf Seite 20). Besonders gefährdet sind Päonien, die in eine Wiese, einen Rasen oder in einen alten Zierpflanzen- beziehungsweise Gemüsegarten gesetzt werden sollen – Standorte, die von den Larven der Schnellkäfer und Wurzelbohrer gern bevölkert werden. Haben Sie bereits schlechte Erfahrungen hinter sich, bleibt oft nur eine vorbeugende Behandlung des Bodens mit Insektiziden übrig. Dadurch reduzieren Sie bereits in hohem Maße das Risiko, dass Ihre Pflanzen von Schädlingen befallen werden.

SCHÄDLINGE UND KRANKHEITEN AN PÄONIEN

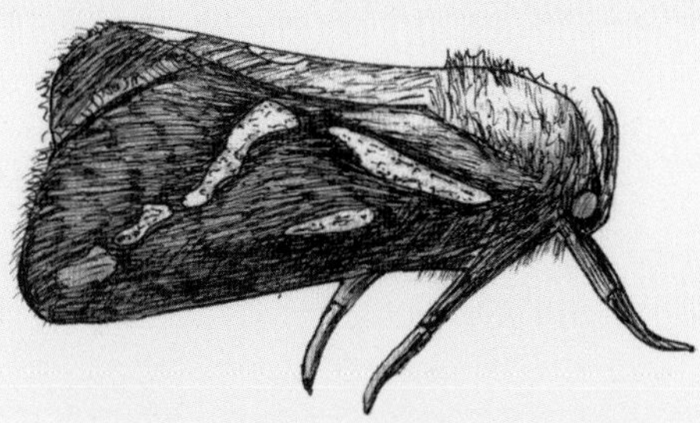

Wurzelbohrer *Hepialus lupulina*, Größe 15 mm; die Raupe (Größe bis 35 mm) des Spinner-Falters überwintert zweimal und schädigt Wurzeln und Knospen der Päonien.

Fransenflügler *Thysanoptera*, Größe ca. 1 mm.

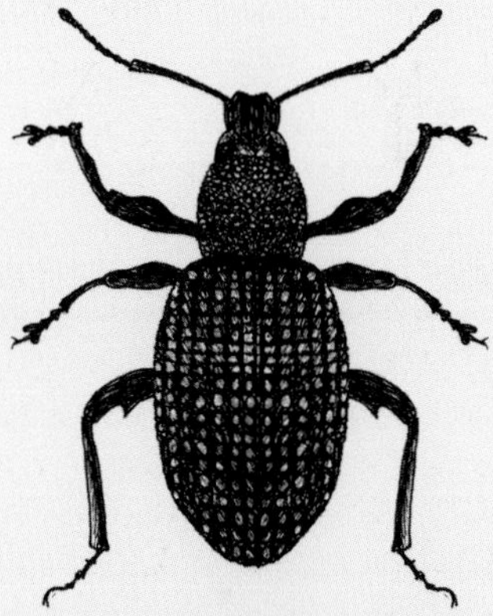

Gefurchter Dickmaulrüssler
Otiorhynchus sulcatus, Größe ca.10 mm.

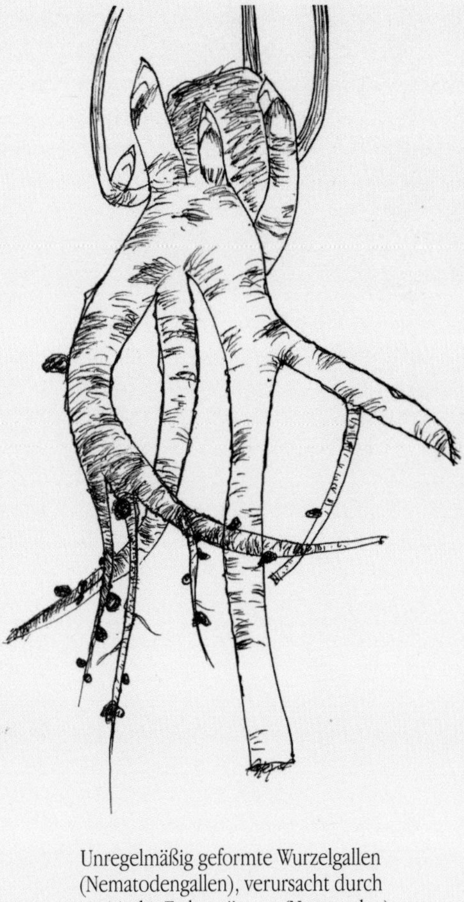

Unregelmäßig geformte Wurzelgallen (Nematodengallen), verursacht durch parasitische Fadenwürmer (Nematoden).

Blattfleckenkrankheit der Päonie
Cladosporium paeoniae.

STRAUCHPÄONIEN

HYBRIDEN

Strauchpäonienhybride ›Anne Marie‹

ELDORADO

BESCHREIBUNG

Diese stattliche Päonie ist das Ergebnis einer 1949 unter der glücklichen Hand des französischen Züchters Lemoine erfolgten Kreuzung zwischen *P. suffruticosa* und *P. lutea*. Die Farbe ist intensiver als die ihrer Schwesterhybride ›Mine d'Or‹ (in Deutschland als ›Goldrausch‹ bekannt): Sie zeigt ein helles Gelb, das sich zur Blütenmitte verdichtet. Die Blütenblätter sind anmutig geknittert. Die halbgefüllte Blüte weist Basisflecken auf, die annähernd dieselbe Tönung haben wie die dunkelpurpurrot gefärbten Staubfäden. Das üppige, dichte grüne Laub dieser späten Sorte ist elegant geschnitten und vor allem während der Nachsaison sehr dekorativ.

ANMERKUNG

Diese Sorte ist eine Rarität, da sie sich nur schwer vermehren lässt.

MEMO

BLÜTE: halbgefüllt
DURCHMESSER: 16 bis 17 cm
DUFT: fehlt
BLÜTEZEIT: erste Maihälfte
HÖHE: 150 cm und höher

HESPERUS

BESCHREIBUNG

Diese Pfingstrose betört durch ihren sanften Duft, der ein wenig an das Geißblatt *Lonicera* erinnert. Merkwürdigerweise ist ihr Parfüm direkt über der Blüte allerdings kaum wahrnehmbar. ›Hesperus‹, eine amerikanische Sorte (von Saunders, 1948), ist eine Strauchpäonie mit außerordentlich subtilem Farbenspiel. Die einfach geformten, großen Blüten erscheinen in einem schönen Altrosa mit strohgelbem Schimmer im Blütenzentrum. Die rötlichen Staubfäden bilden einen Kranz um die behaarten Fruchtblätter. Die Päonie ›Hesperus‹ entwickelt sich zu einem großen Strauch mit aufrechter Wuchsform und zeigt tief geschlitztes, luftiges, hellgrünes Laub mit bronzefarbenen Spiegelungen.

ANMERKUNG

Die Blüten sind besonders schön geformt.

MEMO

BLÜTE: einfach
DURCHMESSER: 16 cm
DUFT: schwer bestimmbar

BLÜTEZEIT: Anfang Mai
HÖHE: 150 cm und höher

SANG LORRAIN

BESCHREIBUNG

Nicht zu verwechseln mit der roten Staudenpfingstrose gleichen Namens und der halbgefüllten ›Sang Gaulois‹ (Rivière, 1958). Diese Strauchpäonie wurde von Lemoine gezüchtet – und zwar 20 Jahre früher. Der vitale Strauch ist mit seinem ausgeprägt buschigen Wuchs und kräftig grünem Laub auch nach der Blühsaison attraktiv. Die rötlich getönten Blattstiele künden bereits von der Farbe – ein leuchtendes Mahagonirot – der einfachen, schalenförmigen Blüte. Die rundlichen, gebogenen, strahlenförmigen Blütenblätter und vor allem die Farbe verraten den Elternteil *P. delavayi*. Zur Vollendung dieser edlen Blüte sind die Blütenblätter an der Basis geheimnisvoll schwarz gefleckt.

ANMERKUNG

Ein spektakulärer Busch! Immer wieder erstaunt und fasziniert die stattliche Höhe dieser Pflanze, die fast zwei Meter erreicht.

MEMO

BLÜTE: einfach
DURCHMESSER: 18 bis 20 cm
DUFT: kräftig und angenehm
BLÜTEZEIT: Ende April bis Anfang Mai
HÖHE: 150 bis 180 cm

BOREAS

BESCHREIBUNG

Die intensive burgunderrote Farbe dieser Pfingstrose zieht den Betrachter sofort in ihren Bann. Man verzeiht ihr daher schnell den kaum wahrnehmbaren Duft. Diese Hybride von *P. lutea* ist ein Werk des bekannten Päonienzüchters Nassos Daphnis aus New York, wo sie zum ersten Mal im Jahre 1974 blühte und 1977 registriert wurde. Boreas trägt reichliches und sehr dekoratives Laub. Der Strauch von beachtlichem Ausmaß blüht reich Anfang Mai mit einfachen sowie mit halbgefüllten Blüten. Die dunkelburgunderroten Staubfäden umgeben einen Fruchtknoten, der dieselbe rote Farbtönung zeigt wie die Blütenblätter.

ANMERKUNG

Die Blütenblätter ergeben ein leicht wirres, flatterhaftes Bild, denn sie biegen sich elegant in unterschiedliche Richtungen.

MEMO

BLÜTE: einfach bis halbgefüllt
DURCHMESSER: 18 bis 20 cm
DUFT: kaum wahrnehmbar
BLÜTEZEIT: erste Maihälfte
HÖHE: 120 bis 150 cm

SAVAGE SPLENDOR

BESCHREIBUNG

Der amerikanische Züchter Saunders ließ diese Sorte 1950 registrieren. Für jeden Maler wäre es vermutlich eine Herausforderung, ein zutreffendes Aquarell dieser aus den USA stammenden Pfingstrose anzufertigen. Die Farbpalette der Blüte reicht von Weiß, Gelb, Rosa bis zu einem tiefen Bordeauxrot. Das Farbenspiel ist außerordentlich nuancenreich und spielt auf wunderbare, belebende Art mit dem Licht. Die Blütenblätter sind schmal rosa gesäumt, was den gerüschten Verlauf der Ränder apart unterstreicht. Die purpurroten Fruchtblätter tragen zartrosa und grünlich getönte Narben. Der Strauch zeigt mit seinem fein geschlitzten Laub eine rundliche, buschige Wuchsform.

ANMERKUNG

Die kräftigen Stängel sorgen für Stabilität und eine vorteilhafte Haltung der Blüten.

MEMO

BLÜTE: einfach
DURCHMESSER: 16 cm
DUFT: fehlt

BLÜTEZEIT: erste Maihälfte
HÖHE: 150 cm

BLACK PANTHER

BESCHREIBUNG

Obwohl es keine schwarzen Päonien gibt, zeigt sich die tiefkirschrote über mahagoni- bis schokoladenfarbene Blüte dieser Sorte dennoch von ihrer dunkelsten Seite. Sie wurde von Saunders gezüchtet und 1948 registriert. Die lockere Erscheinungsform der Blüte wird durch die geschmeidige Wellenform der Blütenblätter betont, die das Herz der nahezu voll gefüllten Blüte verbergen. Die Blütenblätter glänzen in der Sonne wie Wildseide. Biegt man die mittigen Blütenblätter behutsam auseinander, erscheinen die dunklen Staubfäden samt den Fruchtblättern. Ein lockeres, graugrün getöntes, tief geschlitztes, schlankes Laub verleiht dem Strauch eine buschige und rundliche Erscheinungsform.

ANMERKUNG

Im Garten harmoniert diese lockere, graugrün belaubte Sorte mit dem silbrig grauen Laub des Woll-Ziest *Stachys byzantina* oder des Silberblatt-Salbeis *Salvia argentea*.

MEMO

BLÜTE: halbgefüllt
DURCHMESSER: 15 bis 16 cm
DUFT: schwach bis nicht wahrnehmbar
BLÜTEZEIT: erste Maihälfte
HÖHE: 150 cm

FLAMBEAU

BESCHREIBUNG

Diese Hybride aus *P. suffruticosa* und *P. lutea* stammt vom Züchter Lemoine aus dem Jahre 1930. Sie ist eine hübsche Strauchpäonie mit rundlichem Erscheinungsbild. Ihre üppig gefüllten, kompakten Blüten sind derart schwer, dass sie den Kopf nach unten neigen und sich nicht wieder aufrichten! Der Strauch ist besonders reich belaubt, mit stark eingeschnittenen breiteren, frischgrünen Blattfiedern. Subtile gelborange und strohfarbene Tönungen unterstreichen das leuchtende, kräftige Apricotgelb und Lachsrot der Blüten. Das Blütenzentrum ist praktisch unsichtbar – wobei es einigen Staubblättern dennoch gelegentlich gelingt, sich zwischen den Blütenblättern hindurchzuzwängen.

ANMERKUNG

Um die Blüte in vollem Umfang genießen zu können, ist es empfehlenswert, die Sorte Flambeau erhöht zu pflanzen – etwa an einen Hang oder eine Böschung – und verdeckendes Laub zu entfernen.

MEMO

BLÜTE: gefüllt
DURCHMESSER: 16 bis 17 cm
DUFT: leicht

BLÜTEZEIT: erste Maihälfte
HÖHE: 150 cm und höher

MADAME LOUIS HENRY

BESCHREIBUNG

Diese Hybride liegt uns noch immer so sehr am Herzen wie wohl einst zweifellos ihrem Züchter Louis Henry, der sie 1907 an die Öffentlichkeit brachte. Sie ist eine Züchtung aus *P. lutea*. Die nickenden Blüten entwickeln sanft gewellte Blütenblätter. Allerdings gelang es auch im Verlauf eines Jahrhunderts nicht, die nach unten gerichteten Blüten durch entsprechende Auslese aufzurichten. Trotzdem tut dieses Manko der Liebe keinen Abbruch! Der Strauch zeigt eine rundliche Silhouette mit einem vergleichsweise weniger stark gezähntem Laub. Die goldbraun bis altrosa gefärbten Blüten haben neben sechs großen äußeren Blütenblättern in der Mitte einen Quirl aus Petaloiden.

ANMERKUNG

Sehr geschätzt aufgrund ihrer unter Päonien seltenen Farbkomposition.

MEMO

BLÜTE: einfach
DURCHMESSER: 18 cm
DUFT: nicht wahrnehmbar
BLÜTEZEIT: erste Maihälfte
HÖHE: 120 bis 150 cm

APRICOT

BESCHREIBUNG

Der Name dieser *P. lutea*-Hybride (registriert 1948–1950) verwundert, denn die lebhaft hellgelbe Färbung der Blüte hat nichts mit jener der Aprikose gemein. Leider hat der amerikanische Päonienzüchter Saunders über den Grund der Namensgebung nichts hinterlassen. Nach dem Aufbrechen der Blütenknospen sind die gelben Blütenblätter karminfarben geädert. Voll entfaltet, erscheinen winzige Flecken an der Basis der Blütenblätter. Der Kranz aus Staubblättern ist im unteren Bereich der Staubfäden rötlich, während die Staubbeutel gelblich getönt sind. Das längliche, zugespitzte Laub verrät die Abstammung von *P. lutea*. Die Laubblätter sind häufig rötlich überhaucht.

ANMERKUNG

Die Blüten dieser Päonienhybride stehen einigen gelben Rosen in nichts nach und besitzen überdies keine Dornen.

MEMO

BLÜTE: einfach bis halbgefüllt
DURCHMESSER: 15 cm
DUFT: wenig ausgeprägt

BLÜTEZEIT: erste Maihälfte
HÖHE: 150 cm

STRAWBERRY DELIGHT

BESCHREIBUNG

Wenn Sie die neueste Rispenhortensiensorte *Hydrangea paniculata* ›Vanille Fraise‹ mögen, werden Sie dieser Strauchpäonienhybride von *P. lutea* (David Reath, 1988) kaum widerstehen können. Ihre große, gefüllte und prachtvolle Blüte setzt sich aus zahlreichen charmant geknitterten Blütenblättern zusammen. Öffnet sich die Blüte, erscheint jene intensiv rote Farbe, die ihr ihren Namen gab. Nach und nach mischt sich ein sahnegelber Farbton mit ein, was die Blüte strahlender erscheinen lässt. Man kann diesen Farbton auch als eine Mischung aus Himbeere und Aprikose empfinden.

ANMERKUNG

Ausgestattet mit einem elegant geschnittenen Laub von fast reinem Grün mit leichtem Purpurstich, zeigt sich dieser Strauch auch nach der Blüte von schöner Gestalt.

MEMO

BLÜTE: gefüllt
DURCHMESSER: 16 bis 18 cm
DUFT: nicht bekannt
BLÜTEZEIT: Anfang bis Mitte Mai
HÖHE: 120 bis 150 cm

L'AURORE

BESCHREIBUNG

Diese Sorte ist eine Schönheit, die reizvoll im Verborgenen blüht: Ihre Blüten verbergen sich gern hinter dichtem Laub. Die derb geschnittenen Laubblätter verraten die Abstammung von *P. lutea*. Die französische Hybride des Züchters Lemoine von 1935 begeistert uns durch ihren strohgelben Grundton, der von Burgunderrot überzogen wird – einer Farbnuance, die nach dem Aufblühen einem Himbeerrot sehr nahekommt, das später wiederum mehr und mehr gelblichen Farbtönen weicht. Die wie ziseliert wirkende Bordüre aus kleinen Blütenblättern wird von einer feinen, dunkelroten Umrandung reizvoll akzentuiert. Längliche dunkle Flecken zeichnen sich deutlich um die rotfädigen Staubblätter mit gelben Antheren ab.

ANMERKUNG

Diese kräftige Strauchpäonie bringt eine zweite Blüte hervor (remontiert also), die statt orangefarben, wie bei der Hauptblüte, überwiegend rot getönt ist.

MEMO

BLÜTE: einfach
DURCHMESSER: 13 bis 14 cm
DUFT: schwer bestimmbar
BLÜTEZEIT: Anfang Mai
HÖHE: 120 bis 150 cm

MINE D'OR

BESCHREIBUNG

Noch eine Kreation des französischen Züchters Lemoine aus dem Jahre 1943! Diese Strauchpäonie, die sich nicht zwischen einer rundlichen und einer aufgerichteten Form entscheiden kann, bietet eine lockere Erscheinungsform – insbesondere dank ihrer langen purpurnen Blattstängel und tief gezähnten Blattfiedern, deren Grün von einem zarten purpurnen Schleier überzogen ist. Die halbaufgerichtete, einfache Blüte besteht aus elegant gebogenen Blütenblättern und leuchtet in reinem, kaum durch weiße Spiegelungen gestörtem Kanariengelb. Sie ähnelt im Farbton *P. lutea*, von der sie teilweise abstammt. Von der Blütenmitte gehen breite karminrote Flecken aus, die an den Rändern ausfasern.

ANMERKUNG

Das Bemerkenswerte an dieser Sorte ist, dass sie die Blühsaison der Strauchpfingstrosen beschließt, da ihre Blüte zwischen dem 5. und 20. Mai stattfindet.

MEMO

BLÜTE: einfach
DURCHMESSER: 16 cm
DUFT: unbestimmt

BLÜTEZEIT: spät – Mitte Mai
HÖHE: 150 cm und höher

NIKE

BESCHREIBUNG

Ihr Name lässt Sammlerherzen höher schlagen; vor allem die derjenigen, die dieser Rarität noch nicht habhaft werden konnten. Diese *P. lutea*-Hybride von Nassos Daphnis aus New York (1987) präsentiert sich in aufregend schönen Farbnuancen und blüht zwischen Ende April und Anfang Mai. Zuerst rätselt man, ob die Farbpalette ihrer Blüten zwischen Pfirsich und Aprikose einzuordnen ist – bis man ihre korallen- bis himbeerfarbenen Spiegelungen entdeckt, die den ersten Farbeindruck auf belebende Art verwischen und die Blütenkrone wie unter goldenem Licht erstrahlen lassen. Die großen, mohnartig geknitterten Blütenblätter krönt in der Mitte ein üppiger Strauß aus goldfarbenen Antheren. Schlicht ein wunderbarer Anblick!

ANMERKUNG

Diese Sorte wurde wegen ihrer Blühfreudigkeit bekannt, wobei auch ihr vitaler Wuchs und das feste Laub nichts zu wünschen übrig lassen.

MEMO

BLÜTE: einfach
DURCHMESSER: 20 bis 22 cm
DUFT: gelegentlich duftend
BLÜTEZEIT: Anfang Mai
HÖHE: 150 cm

SOUVENIR DU PROFESSEUR MAXIME CORNU

BESCHREIBUNG

Diese populäre Strauchpäonie stammt von Louis Henry aus dem Jahre 1907 und ist noch immer ein bezaubernder Blickfang in alten Gärten. Sie ist eine der allerersten Hybriden von *P. lutea*. Es mag Päonienliebhaber geben, die ihre Blüten als zu schwer befinden, weil diese dazu neigen, tief überzuhängen. Unserer Meinung nach ist diese Züchtung uneingeschränkt eine der spektakulärsten Strauchpäonien, deren Blüten sich überdies häufig zu zweit oder zu dritt um einen Stängel gruppieren. Die zahlreichen, geknitterten Blütenblätter sind intensiv kanariengelb mit einem Hauch von Orange. Die Wellung der Blütenblätter wird durch eine feine karmesinrote Saumlinie auf besonders aparte Weise akzentuiert.

ANMERKUNG

Dieses ist eine Strauchpäonienzüchtung mit dichtem Laub und fulminanter Blüte, die unbedingt einen Ehrenplatz in Sichtweite des Hauses verdient!

MEMO

BLÜTE: gefüllt
DURCHMESSER: 16 bis 25 cm
DUFT: leicht bis stark
BLÜTEZEIT: erste Maihälfte
HÖHE: 150 cm und höher

ANNE MARIE

BESCHREIBUNG

Diese Päonie mit ihrem aufrechten Wuchs, ihrer reichen Belaubung und den straff aufgerichteten Blüten ist das Produkt des amerikanischen Züchters William Seidl aus Wisconsin. Sie blühte erstmals 1983 und wurde 1984 eingeführt. Registriert ist sie als ›Ann Marie‹, Züchter nennen sie ›Anne Marie‹. Ihre Einmaligkeit verdankt sie vor allem den ausgesprochen großen Blüten mit malvenfarbenen Blütenblättern, die sich zum Rand hin deutlich aufhellen und mit nach außen zeigenden, weißrosa Streifen versehen sind. Ihre Blütenblätter wirken wie kostbare, unregelmäßig schimmernde Chiffonseide. Im Zentrum der Blüte zeigen sich die weißlich grün aufgehellten Fruchtblätter gesäumt von einer schmalen Krone aus gelben Antheren.

ANMERKUNG

Herrlicher Busch mit stattlichem Laub!

MEMO

BLÜTE: einfach
DURCHMESSER: 20 cm
DUFT: typisch für *P. lutea*-Hybriden, zuweilen kaum wahrnehmbar

BLÜTEZEIT: Anfang Mai
HÖHE: 150 cm

LEDA

BESCHREIBUNG

Diese noch wenig verbreitete Strauchpäonie ist eine Schöpfung des New Yorker Züchters Nassos Daphnis (registriert 1977). Der Strauch trägt hellgrünes Laub, das kaum wahrnehmbar von einem purpurnen Schleier überzogen ist. Kennzeichnend sind die verlängerten Spitzen am Ende der Fiederblättchen. Die Blüte kann einfach oder halbgefüllt erscheinen. Die auffälligen Blütenblätter allerdings machen die Sorte unverwechselbar: Sie sind von einer zarten, leuchtend rosafarbenen Äderung durchzogen, die zum Rand hin allmählich verblasst. Die nahezu schwarzen Basalflecken, die den Staubblattkranz mit goldgelben Antheren umgeben, tragen auf wunderbare Weise zur Tiefenwirkung dieser herrlichen Blüte bei.

ANMERKUNG

›Leda‹ stammt zu einem Viertel von *P. lutea* und zu Dreiviertel von *P. suffruticosa* ab. Von Letzterer erbte sie die großen Blüten.

MEMO

BLÜTE: einfach bis halbgefüllt
DURCHMESSER: 16 bis 18 cm
DUFT: angenehm
BLÜTEZEIT: erste Maihälfte
HÖHE: 150 cm

L'ESPÉRANCE

BESCHREIBUNG

Grün ist die Farbe der Hoffnung (franz. l'espérance = Hoffnung)! Ihr Züchter Lemoine hat sicherlich mit Ungeduld darauf gewartet, dass diese Hybride mit lockerem, eher spärlichem, grünem purpurn überhauchtem Laub ihre erste Blüte entfaltet. Diese ist einfach und reingelb, mit rundlichen Blütenblättern in der Anfangsphase, umsäumt mit rotem Strich, und kann mit einem Durchmesser von 20 Zentimetern eindrucksvolle Ausmaße erreichen. Bienengleich verspürt man das Verlangen, sich in dem üppigen Strauß dunkelroter Staubfäden zu verlieren. Die Staubblätter entwickeln hellgelbe Antheren, die wie Flammen über den tiefrot glühenden Basalflecken züngeln.

ANMERKUNG

Die gutwüchsige Pflanze überschreitet leicht Höhen über 150 Zentimeter und bildet auch ohne besondere Eingriffe eine rundliche Form aus.

MEMO

BLÜTE: einfach
DURCHMESSER: 15 bis 20 cm
DUFT: fehlt
BLÜTEZEIT: erste Maihälfte
HÖHE: 150 cm und höher

SILVER SAILS

BESCHREIBUNG

Die amerikanische Hybride des Züchters Saunders stammt aus dem Jahre 1940. Das zartgrüne, purpurn überhauchte Laub verzweigt sich harmonisch am Strauch. Die Fiederblättchen sind länglich und spitz zulaufend. Die einfache Blüte ist von einem leuchtenden Sahnegelb, das nach außen hin zunehmend verblasst und beinahe transparent wird, was den Blütenblättern einen silbrigen Schimmer verleiht. Die geschwungenen Blütenblätter der Peripherie akzentuieren die besondere Eleganz dieser Sorte. Die Fruchtblätter verschwinden geradezu in der Masse der Staubblätter. Es bedarf schon eines geschulten Auges, um den kleinen roten Fleck an der Basis eines jeden Blütenblattes zu erkennen.

ANMERKUNG

Mit dem Alter nimmt der Strauch eine stattliche, rundliche Gestalt an.

MEMO

BLÜTE: einfach
DURCHMESSER: 14 bis 15 cm
DUFT: kaum wahrnehmbar
BLÜTEZEIT: erste Maihälfte
HÖHE: 150 cm

RENOWN

BESCHREIBUNG

Wie bei der Mehrzahl der *P. lutea*-Hybriden zeigen sich an den Zweigen von ›Renown‹ noch immer nur große schwarze Knospen, wenn das Laub bei den *P. suffruticosa*-Hybriden bereits zu explodieren scheint. Geduld ist also angebracht, da man gut drei Wochen wird abwarten müssen, um die Ausnahmeblüte zu genießen, die so typisch für diese Sorte ist. Die Pflanze ist gut belaubt, wobei das reingrüne – durchaus schöne – Laub im weiteren Verlauf ein wenig herabhängt. ›Renown‹ ist eine Selektion des Züchters Saunders aus dem Jahre 1949. Diese schöne Amerikanerin mit einfachen Blüten bezaubert durch ihre kupferrote Färbung mit einem Blütenblattrand von raffiniertem Zuschnitt und Biegung.

ANMERKUNG

Diese Päonie wächst zu einem prächtigen, mittelgroßen Strauch mit dichtem und schön geschnittenem Laub heran und eignet sich gut für Gartenrandbepflanzungen.

MEMO

BLÜTE: einfach
DURCHMESSER: 15 bis 16 cm
DUFT: kaum wahrnehmbar
BLÜTEZEIT: erste Maihälfte
HÖHE: 120 bis 150 cm

ZEPHIRUS

BESCHREIBUNG

Mit ihrer gedrungenen Erscheinung überschreitet diese Hybride von *P. lutea* (von Nassos Daphnis, 1970) kaum die Ein-Meter-Marke, schmückt sich jedoch mit auffälligem Laub. Letzteres zeigt sich mit großen, markant geformten, tiefgrünen, rot gesäumten breiten Fiederblättern. Zur Blütezeit in der Hochsaison erscheinen üppige Blüten mit sanft gewellten, seidig schimmernden Petalen. Die halbgefüllte und vital nach oben gerichtete Blüte besteht aus einer fein abgestimmten, lichten Farbkomposition aus Cremegelb, Rosa- und Lavendeltönen mit gelbbräunlichen Spiegelungen. Dunklere Akzente setzen lediglich die tiefrubinroten Basisflecken sowie dunkelrote Staubfäden und Fruchtblätter – eine helle Blüte mit dunklem Herz.

ANMERKUNG

Sie sollten diese Sorte zwischen Ende April und Anfang Mai mit weißem und orangefarbenem Islandmohn kombinieren!

MEMO

BLÜTE: halb gefüllt
DURCHMESSER: 17 cm
DUFT: fehlt
BLÜTEZEIT: Anfang Mai
HÖHE: 100 cm

STRAUCHPÄONIEN

SUFFRUTICOSA

Japanische Strauchpäonie ›Shima Nishiki‹

BARON THYSSEN-BORNEMISSZA

BESCHREIBUNG

Die tiefroten, fast schwarzen Basisflecken an den Blütenblättern dieser kostbaren Päonie sind ein deutlicher Hinweis auf ihre Elternpflanzen. Der bekannte Züchter Sir Peter Smithers selektierte sie aus *P. rockii*-Sämlingen. Sie blühte erstmals 1987 und wurde im Jahre 1992 eingeführt. Sie hat breite, charmant zerzauste, rosa, deutlich mauvefarben getönte Blütenblätter. Ein sattgelber Strauß aus Antheren strahlt aus der dunklen Blütenmitte hervor. Mit diesen spektakulären Blüten gehört sie zweifellos zur »Haute Couture« der Strauchpäonien. Die Blüten werden kaum durch das grüne, häufig bronze- bis purpurstichige Laub verdeckt. Die üppige, buschige Pflanze zeichnet sich auch durch Schnellwüchsigkeit aus.

ANMERKUNG

In einer Pflanzung benötigt diese Strauchpäonie sehr viel Platz, um sich optimal entwickeln zu können.

MEMO

BLÜTE: halbgefüllt
DURCHMESSER: 18 cm
DUFT: fehlt
BLÜTEZEIT: Mitte April
HÖHE: 150 cm und darüber

JACQUELINE FARVACQUES

BESCHREIBUNG

Beim Anblick dieser Pfingstrose fällt auf, wie aufrecht sich eine derart große und gewichtige Blüte über dem Laub zu halten vermag. Der Erfolg dieser perfekten europäischen *Suffruticosa*, eingeführt von Michel Rivière im Jahre 1992, liegt in der Reichblütigkeit und Lockerheit ihrer gefüllten Blüten begründet. Leider duftet diese Sorte nicht. Die unregelmäßig gewellten Blütenblätter wirken wie von einem Luftzug graziös zerzaust. Angesichts der subtilen Farbabstufung gerät man leicht ins Schwärmen – eine Komposition, die von Krapprot im Inneren über Rosa und zum Rand hin bis zu Perlmutterweiß reicht. Die granatroten Basisflecken im Blütenzentrum verleihen der Blüte eine reizvolle Tiefe.

ANMERKUNG

Der vitale, kräftige Strauch mit lockerem, grünem Laub hat eine leger ausladende Wuchsform.

MEMO

BLÜTE: gefüllt
DURCHMESSER: 20 bis 22 cm
DUFT: kaum wahrnehmbar
BLÜTEZEIT: zweite Aprilhälfte
HÖHE: 150 cm und höher

MONSIEUR MASSE

BESCHREIBUNG

In der frühen Wuchsphase bietet die europäische *Suffruticosa* des französischen Züchters Modeste Guérin nichts augenfällig Verlockendes! Und tatsächlich produziert der gedrungene Strauch gelegentlich Knospen, die wie verkümmert aussehen. Dann jedoch verwandeln sich diese in prächtige, gefüllte Blüten. Ihre konvex gewölbten Blütenblätter formen eine hoch gefüllte Schale, die sich über grünes, bronzefarben getöntes Laub erhebt. Die Blattstiele sind purpurn gesprenkelt und gestreift. Die Grundfarbe dieser frühblühenden und zaghaft duftenden Sorte ist ein Scharlachrosa, in das sich lachsfarbene Spiegelungen mischen. Die Farbe hellt sich im Randbereich der Blütenblätter deutlich auf.

ANMERKUNG

Eine vergleichsweise niedrige Pflanze, die allerdings mit ihren glänzenden, flaumigen Pomponblüten über sich hinauswächst. Die reichblühende Sorte ist sehr selten.

MEMO

BLÜTE: gefüllt
DURCHMESSER: 15 cm
DUFT: schwach
BLÜTEZEIT: bis Mitte April
HÖHE: 100 bis 120 cm

DUCHESSE DE MORNY

BESCHREIBUNG

Mit der ›Duchesse de Morny‹ stellen wir eine der ältesten Strauchpäonien aus der *Suffruticosa*-Gruppe vor. Sie ist nahezu überall in Europa anzutreffen, wo sie alte Gärten ziert. Diese Popularität verdankt sie nicht nur ihrer frühen Blüte, ihrer Robustheit und einer ausgesprochenen Langlebigkeit, sondern auch der Üppigkeit der Blüten. Bei all diesen Vorzügen verzeiht man ihr gern die zuweilen unregelmäßige Blütenform. Ihre romantische Farbmischung aus kräftigem bis zart durchscheinendem Rosa und Flieder wird durch weinrote Basisflecken im Blütenzentrum akzentuiert. Die gelben Antheren sind gut zu erkennen. Das matte, graugrüne Laub zeigt belebende purpurfarbene Spiegelungen und Säume.

ANMERKUNG

Diese sehr kräftige, gedrungene Strauchpäonie mit rundlichem Erscheinungsbild trägt schwere Blüten, die sich auch gut als Schnittblumen eignen – vorausgesetzt, man schneidet sie im fortgeschrittenen Knospenstadium.

MEMO

BLÜTE: gefüllt
DURCHMESSER: 14 bis 18 cm
DUFT: fehlt
BLÜTEZEIT: Mitte April
HÖHE: bis 150 cm und höher

SHIMA NISHIKI

BESCHREIBUNG

Diese japanische Strauchpfingstrose entstand nicht aufgrund züchterischer Arbeit, sondern als spontane Mutation an einem Zweig der Sorte ›Tayio‹. Aus botanischer Sicht ist sie damit eine sogenannte Chimäre, also eine Pflanze, die Gewebe mit verschiedener genetischer Zusammensetzung in sich trägt (z. B. durch Pfropfung oder Mutation). So können auf derselben Pflanze gleichzeitig rote, weiße oder rot und weiß streifig panaschierte Blüten auftreten; eine Kombination, die jedes Jahr für Sensationen, aber auch Verwirrung sorgt, da man die Pflanze gelegentlich nicht wiedererkennt. Die halbgefüllten Blüten erscheinen über teilweise leicht bronziertem Laub.

ANMERKUNG

Mit ihren Blüten aus sanft gebogenen Blütenblättern inszeniert diese besondere Rarität alljährlich eine aufregende Symphonie aus lediglich zwei Grundfarben.

MEMO

BLÜTE: halbgefüllt
DURCHMESSER: 15 bis 16 cm
DUFT: fehlt
BLÜTEZEIT: zweite Aprilhälfte
HÖHE: 150 cm

HOOKI

BESCHREIBUNG

›Hooki‹ bedeutet etwa »charmantes Alter«, ein passender Name für diese japanische Strauchpäonie. Die anpassungsfähige Sorte startet auf einem ihr zusagenden Standort sofort durch – mit viel Holz und dichtem, bronzefarben getöntem Laub aus länglich gestalteten Fiederblättchen. Sie trägt reichlich Blüten, die sich recht früh öffnen. Die leicht eingeschnittenen und einwärts gebogenen Blütenblätter tragen ein intensives Zinnoberrot zur Schau. Die bordeauxroten Fruchtblätter lugen unter einer Puderquaste aus altgold schimmernden Staubblättern hervor.

ANMERKUNG

Mit ihrer niedrigen Wuchshöhe bietet die schöne Japanerin ein kugelförmiges Erscheinungsbild. Aufgrund dieser Eigenschaft und ihrer leuchtenden Farbe ist sie ideal für die Pflanzung in kleinen Gartenecken oder Innenhöfen.

MEMO

BLÜTE: halbgefüllt
DURCHMESSER: 17 bis 18 cm
DUFT: kaum wahrnehmbar

BLÜTEZEIT: zweite Aprilhälfte
HÖHE: 100 bis 120 cm

JOSÉPHINE SÉNÉCLAUZE

BESCHREIBUNG

Diese Strauchpäonie mit rundlichem, gut verzweigtem Habitus entwickelt ein mattgrünes Laub mit großen abgerundeten Fiederblättchen. Wir haben es hier mit einer alten europäischen *Suffruticosa* (aus dem Jahre 1889) des französischen Züchters Sénéclauze zu tun, die freigiebig recht früh, das heißt um Mitte April herum, blüht. Die großen, karminroten Knospen explodieren geradezu, um die massenhaft vorhandenen Blütenblätter freizusetzen. In der Tat besitzt diese Päonie dicht gefüllte Blüten mit rosafarbenen, karminrot getupften Petalen und Petaloiden (blütenblattähnliche Umbildungen der Staubblätter). Die Blüten sind vergleichsweise langlebig.

ANMERKUNG

Während der Entfaltung verblasst die Blüte, um schließlich einen zarten Roséton anzunehmen. Die Blüte bleibt dabei stabil nach oben gerichtet.

MEMO

BLÜTE: gefüllt
DURCHMESSER: 15 bis 16 cm
DUFT: schwach
BLÜTEZEIT: zweite Aprilhälfte
HÖHE: 150 cm

NUAGE ROUGE

BESCHREIBUNG

›Nuage Rouge‹ stammt aus dem Saatgut der Strauchpäoniensorte japanischer Herkunft ›Kimpukurin‹, die Michel Rivière im Jahre 1998 selektionierte. Es handelt sich um eine mittelgroße Strauchpäonie mit kräftig grünem Laub und aufrechter Wuchsform. Jede nach oben gerichtete Blüte entfaltet rosarote Blütenblätter, deren Farbe sich zum Rand hin aufhellt. Diese können gestreift oder sogar weiß gefleckt sein. Auch zeigen sich lachsfarbene Spiegelungen, die wie Himmelsröte anmuten. Düstere Basisflecken mit diffusen Umrissen akzentuieren das Relief dieser großen Blüte mit wirbelnden Blütenblättern.

ANMERKUNG

›Nuage Rouge‹ blüht reich und früh.

MEMO

BLÜTE: einfach
DURCHMESSER: 15 bis 18 cm
DUFT: leicht
BLÜTEZEIT: Mitte April
HÖHE: 120 bis 150 cm

HAKU UNKAKU

BESCHREIBUNG

Diese erstaunliche japanische Strauchpäonie zieht unwillkürlich alle Blicke auf sich. Das mit einem dunklen, bronzefarben getönten Purpurschleier überzogene Laub mit seinen elegant geschnittenen Fiederblättchen bildet den vollendeten Hintergrund, um das ungetrübte, reinste Schneeweiß ihrer großen Blüten hervorzuheben, die oft auf derselben Pflanze einfach oder halbgefüllt erscheinen. Aus der Nähe betrachtet, kann man zarte Spiegelungen entdecken, die an der Basis der Blütenblätter blassrosa getönt sind. Die Blütenmitte schmückt sich mit einem goldgelben Strauß aus Antheren auf weißen Staubfäden und einem kräftigroten Fruchtblatt, was gut mit der Farbe des Laubs harmoniert.

ANMERKUNG

Ein grünes Kissen aus Elfenblumen *Epimedium* ist ideal, um die hohe, aufrechte Gestalt dieser wunderschönen Japanerin hervorzuheben. Sie eignet sich auch als Schnittblume.

MEMO

BLÜTE: einfach bis halbgefüllt
DURCHMESSER: 18 cm
DUFT: fehlt
BLÜTEZEIT: zweite Aprilhälfte
HÖHE: 150 cm

HAKU BAN RYIU

BESCHREIBUNG

Die wunderbare Zartheit einer Strauchpäonie japanischer Herkunft zeigt sich hier in Vollendung. Das kräftige, lockere Laub dieser halbaufgerichteten Strauchpäonie ist leicht bronzefarben überhaucht. Die breiten, geschmeidigen Blattfiedern tragen zur natürlichen Eleganz ihrer Erscheinungsform bei. Die reinweißen Blüten erinnern an das weiße Gefieder stolz schreitender Silberreiher. Dies liegt möglicherweise an der Asymmetrie der am Rand leicht gewellten und eingeschnittenen Blütenblätter. An den Blüten im Gipfelbereich der Pflanze lassen sich leicht Fruchtblätter und Staubfäden in weißlicher Tönung erkennen.

ANMERKUNG

Die Blütenkrone ist in der Regel halbgefüllt, kann sich aber auch gefüllt entwickeln.

MEMO

BLÜTE: halbgefüllt bis gefüllt
DURCHMESSER: 15 cm
DUFT: fehlt

BLÜTEZEIT: zweite Aprilhälfte
HÖHE: 120 cm

ICE STORM

BESCHREIBUNG

Diese *Suffruticosa* stammt vom Züchter Sir Peter Smithers aus der Schweiz, wo sie im Jahre 1989 erstmals erblühte und 1992 registriert wurde. ›Ice Storm‹ ist eine großartige Strauchpäonie und präsentiert Blüten in der Form eines makellos weißen, riesigen Blütenbechers. Die Blütenkrone mit geschwungenen, aber regelmäßig gestalteten Blütenblättern schützt einen üppigen Strauß Staubblätter mit goldgelben Antheren und langen, weißen Staubfäden. Gelegentlich verwirbeln stark skulpturierte Blütenblätter die harmonische Anordnung der Blütenmitte. Ihre straffe, aufgelockerte, etwa 1,50 Meter hohe Wuchsform stellt ihre Stabilität unter Beweis.

ANMERKUNG

Man schätzt das luftige und geschmeidige Laub dieser Strauchpäonie, das die an sich schon außergewöhnliche Schönheit der Blüte zusätzlich hervorhebt.

MEMO

BLÜTE: einfach
DURCHMESSER: 25 bis 27 cm
DUFT: kaum wahrnehmbar
BLÜTEZEIT: zweite Aprilhälfte
HÖHE: 150 cm

GROVEANA

BESCHREIBUNG

Man hielt sie schon für verloren – doch dann kam der Tag, an dem diese *Suffruticosa* im Parc de la Tête d'Or in Lyon wiederentdeckt wurde. Eine Sensation, denn die halbgefüllten bis gefüllten Blüten dieser Strauchpäonie sind sehenswert! Je mehr sich der Blick von der Blütenmitte entfernt, desto größer werden die Blütenblätter, sodass die Blüte einer fantasievoll gestalteten Badehaube ähnelt. Ebenso auffällig ist ihr bonbonrosa Farbton, der im Randbereich aufhellt. Betrachtet man die Blütenmitte an einem herrlichen Tag genauer, so zeigen sich der große, purpurn getönte Stempel und die ebenso gefärbten Staubfäden. Der mittelgroße Strauch entwickelt eine rundliche Wuchsform.

ANMERKUNG

›Groveana‹ öffnet ihre leicht geneigten Blüten etwa in der zweiten Aprilhälfte. Der Züchter dieser Wiederentdeckung ist unbekannt, sodass sie sich auch nicht näher spezifizieren lässt.

MEMO

BLÜTE: halbgefüllt bis gefüllt
DURCHMESSER: 15 cm
DUFT: fehlt

BLÜTEZEIT: zweite Aprilhälfte
HÖHE: 120 cm

ZHAO FEN

BESCHREIBUNG

»Phönix der aufgehenden Sonne« bedeutet sinngemäß ihr chinesischer Name. Die schöne, gefüllte Blüte formt eine sogenannte Krone. Zuweilen ist das Rosa der Blütenblätter so blass, dass es uns weiß erscheint. Die Blüten der recht frühen Sorte sind mit attraktiven, hellgrünen Blättern unterlegt. Der abgerundete, dicht belaubte Strauch verzweigt sich locker von der Basis aus. Die Zweige sind biegsam mit der Tendenz, sich horizontal auszubreiten. Sie bringen gelegentlich auch einfache Blüten hervor, die jedoch dem leichten und duftigen Charakter der Sorte treu bleiben.

ANMERKUNG

Diese reichblühende Sorte verbreitet frische und süßliche Düfte, die an Rosen erinnern. Sie lässt sich leicht im Topf ziehen. Auch ist sie wegen ihrer Robustheit und Vitalität eine gute Wahl für den noch ungeübten Päonienliebhaber.

MEMO

BLÜTE: einfach und gefüllt
DURCHMESSER: 15 bis 20 cm
DUFT: angenehm
BLÜTEZEIT: Mitte April
HÖHE: 120 cm

LUOYANG HONG

BESCHREIBUNG

Der Name dieser Strauchpäonie bedeutet »Rot von Luoyang«. Wie andere chinesische Sorten treibt und blüht der Strauch relativ zeitig. Die gedrungene Wuchsform überrascht ein wenig. Dennoch bildet die Päonie halbaufgerichtete Zweige aus. Die ziemlich gedrungenen, kräftig grünen Blätter sitzen auf bronzefarben getönten Stielen. Das Laub verdeckt nicht alle dunkelpurpurrot gefärbten Blüten. Die Üppigkeit der Blütenblätter verleitet zu der Annahme, dass es sich hier um eine gefüllte Blütenform handelt. Öffnet sich jedoch die Blüte vollständig, enthüllt sie ihr »Herz« und zeigt ihren mit Blütenblättern eingemischten Kranz aus Staubblättern.

ANMERKUNG

Ein schöner, ausgewogener Strauch mit regelmäßigen Blüten. Gegenüber Witterungsschwankungen sehr widerstandsfähig.

MEMO

BLÜTE: fast gefüllt
DURCHMESSER: 16 cm
DUFT: kaum wahrnehmbar bis stark
BLÜTEZEIT: Mitte April
HÖHE: 120 bis 150 cm

VIVID

BESCHREIBUNG

Sicher geht es Ihnen wie dem Züchter Robert Fortune, der diese chinesische Sorte einführte und über sie berichtete, sie sei nicht nur wegen ihrer dunklen Farbe, sondern auch aufgrund ihres angenehmen Duftes außerordentlich attraktiv. Der Strauch mit kleinem, kräftig grünem Laub entwickelt sich kugelförmig. Diese kleine Strauchpäonie erreicht mit Mühe eine Höhe von einem Meter und blüht früh um Mitte April. Die unzähligen Blütenblätter der kleinen, gefüllten Blüte nehmen ein sehr dunkles Bordeauxrot an, das durch seine satinierte Textur lebhaft schimmert. Es sind zumeist die Blütenblätter in der Mitte, die gelegentlich grünliche Flecken aufweisen und damit an die Blütenknospen von Rosen erinnern.

ANMERKUNG

Verlängern Sie die Blühsaison und vergrößern Sie eine Päoniengruppe, indem Sie diese frühblühende neben einer spätblühenden Sorte pflanzen.

MEMO

BLÜTE: gefüllt
DURCHMESSER: 11 bis 15 cm
DUFT: angenehm
BLÜTEZEIT: Mitte bis Ende April
HÖHE: 80 bis 100 cm

SIR PETER SMITHERS

BESCHREIBUNG

Im Jahre 1998 taufte Michel Rivière diese Ausnahmeerscheinung unter den Päonien auf den Namen ›Sir Peter Smithers‹. Die Päonie aus der *Suffruticosa*-Gruppe stammt aus einer Aussaat von *P. rockii*. Sie ist eine Hommage an den Gärtner, der seine züchterischen Aktivitäten auf die Strauchpäonien konzentrierte. Die halbaufrechte Pfingstrose erreicht eine Höhe von etwa 1,50 Metern und zeichnet sich durch eine außergewöhnliche Blühfreudigkeit aus. Das Laub mit purpurnen Blattstielen ist mattgrün. Die sanft gewellten Blütenblätter formen eine einfache, wahrhaft riesige Blüte mit dem sagenhaften Durchmesser von 28 Zentimetern! Die Farbtönung reicht von Purpurrosa bis nahezu Weiß am Rand der Blütenblätter. Die dunkelroten, gefransten Basisflecken beleben das Herz der Blüte.

ANMERKUNG

In jeder Hinsicht spektakulär – durch die Größe der Blüten wie durch die Komposition aus sanften Farbtönen.

MEMO

BLÜTE: einfach
DURCHMESSER: 25 bis 28 cm
DUFT: fehlt
BLÜTEZEIT: zweite Aprilhälfte
HÖHE: 150 cm

ISABELLE RIVIÈRE

BESCHREIBUNG

Eine reichliche und frühe Blüte, dekoratives Laub und ein gut verholzendes Geäst machen diese französische Sorte des Züchters Antoine Rivière von 1975 zu einem Muss für den Päonienliebhaber. Diese halbaufrechte, hervorragende Päonie der *Suffruticosa*-Gruppe entwickelt mattes graugrünes Laub mit bronzefarbenen Reflexen und bräunlich purpurn getönten Blattstielen. Sie entfaltet einfache Blüten in einem aufregenden, lebhaften Kirschrot, das durch einen fast schwarzen Basisfleck des Blütenblattes belebt wird. Die Ränder der ausgefransten äußeren Blütenblätter sind kokett mehr oder weniger weißlich grün abgesetzt.

ANMERKUNG

Die üppige Samenproduktion dieser Sorte macht sie zur idealen Pflanze für den Amateurgärtner mit Ambitionen für eigene Züchtungen. Die hochwüchsige Strauchpäonie zeichnet sich auch durch eine gute Robustheit aus.

MEMO

BLÜTE: einfach
DURCHMESSER: 18 bis 20 cm
DUFT: fehlt
BLÜTEZEIT: Mitte April
HÖHE: 150 cm und höher

YACHIYO JISHI

BESCHREIBUNG

Dieser japanische Name ist für uns Europäer schwierig auszusprechen und wenig einprägsam. Leichter hat man es schon mit der Übersetzung »Unsterblicher Löwe«. Die kraftstrotzende japanische Strauchpäonie aus der *Suffruticosa*-Gruppe ist ausgesprochen reichblütig. Besonders attraktiv sind ihre märchenhaft zartrosa Blüten vor einem Hintergrund aus klarem grünem Laub. Die knittrigen Blütenblätter sind am Rand in einer Weise eingeschnitten, dass sie wie leicht zerfetzt wirken – dessen ungeachtet, ist die Wirkung sehr reizvoll. Die wenigen Staubblätter, die sich zwischen die Blütenblätter zwängen, sind kaum zu erkennen. Die Fruchtblätter sind schwach entwickelt. Das junge Laub dieser mittelhohen bis hohen Sorte mit kraftvollem Wuchs ist purpurn überhaucht und besonders attraktiv.

ANMERKUNG

Eine sehr kräftige und reichblühende Sorte.

MEMO

BLÜTE: gefüllt
DURCHMESSER: 17 cm
DUFT: schwach
BLÜTEZEIT: zweite Aprilhälfte
HÖHE: 150 cm

KOKURYU NISHIKI

BESCHREIBUNG

Bis heute ist ›Hatsu Garashu‹ die dunkelste Strauchpäonie. Die Blütenfarbe von ›Kokuryu Nishiki‹, einer weiteren japanischen Strauchpäonie, ist nicht minder faszinierend. Zudem bedeutet ihr Name etwa »Brokat des schwarzen Drachen«. Die mittelgroße Päonie zeigt in Wuchs und Blüten eine straff aufrechte Haltung. Sie besitzt mattgrünes Laub, das ausfasert und an Länge zunimmt. Der Farbton der einfachen Blüte schwankt zwischen purpurnem Bordeauxrot und Schwarzer Johannisbeere, wobei einige vollständig weiße Rillen die Farbfläche an der Rückseite der Blütenblätter unterbrechen. Ein Strauß gold überpuderter Antheren (Staubbeutel) beleuchtet das finstere Herz.

ANMERKUNG

Eine ganz erstaunlich gefärbte und sehr seltene Strauchpäonie, die nur langsam bis mittelstark wächst und schwer zu vermehren ist.

MEMO

BLÜTE: einfach
DURCHMESSER: 19 cm
DUFT: kaum wahrnehmbar
BLÜTEZEIT: zweite Aprilhälfte
HÖHE: 120 cm bis 150 cm

GENGIORAKU

BESCHREIBUNG

Diese japanische Strauchpäonie erregt zuerst mit ihrer stattlichen Größe und aufrechten Erscheinung Aufmerksamkeit und Bewunderung. Trotz ihrer legendären Vitalität entwickelt sie nur mittelmäßig dichtes Laub. Dieses zeigt sich in einem fast klaren Grün mit schön geschnittenen Fiederblättchen, die zu dem lockeren und luftigen Eindruck des Busches beitragen.

›Gengioraku‹ ist durchaus blühwillig. Die sanft gewellten Petalen der wohlgeformten, halbgefüllten Blüten sind reinweiß und ohne jeden noch so zarten Farbstich – von den Staubblättern einmal abgesehen, deren sattes Gelb sich in den Blütenblättern widerspiegelt. Fruchtblätter und Staubfäden erscheinen ebenfalls weiß.

ANMERKUNG

Trotz des lockeren Gesamteindrucks des Strauches halten die Blüten gut an den Zweigen.

MEMO

BLÜTE: halbgefüllt
DURCHMESSER: 21 bis 22 cm
DUFT: fehlt

BLÜTEZEIT: Ende April
HÖHE: 150 cm und höher

MONSIEUR GEORGES CASSAGNES

BESCHREIBUNG

Getreu dem Ruf dieser modernen Sorte (Michel Rivière, 1985), eröffnet sie den Reigen der Blühsaison der Strauchpäonien. Ihre Blüten mit den sanft gewellten Blütenblättern schmücken in geradezu verschwenderischer Manier den ziemlich buschigen Strauch, der gern die magische Höhe von 1,50 Metern überschreitet. Die gut verholzenden Zweige verleihen ihm eine halbaufrechte Erscheinung. Über dem klargrünen, recht fein ausgeprägten Laub entfalten sich einfache Blüten in strahlendem Burgunderrot mit belebend weißer Streifenmusterung an der Außenseite. Die diffusen Basisflecken jedes Blütenblattes verschatten das Herz der Blüte leicht.

ANMERKUNG

Die am frühesten blühende Strauchpäonie.

MEMO

BLÜTE: einfach
DURCHMESSER: 15 bis 19 cm
DUFT: pudrig
BLÜTEZEIT: Mitte April
HÖHE: 150 cm und höher

NIGATA TEN'YO NO MAI

BESCHREIBUNG

Übersetzt bedeutet der japanische Name »Himmlischer Tanz« – geradezu eine Verpflichtung für diese kräftige Sorte mit aufrechter Wuchsform! Ab Mitte April brechen die großen Knospen auf und entfalten rosafarbene Blüten über elegant geschnittenem und ins Bronze gehendem, grünem Laub. Man verfällt schnell der Faszination des Balletts aus sanft geschwungenen Blütenblättern. Was die bestechend einfache Form als auch die nuancierten Rosatöne betrifft, so ist die Blüte dieser Japanerin Ausdruck großer Raffinesse und klassischer Schönheit. Die dunkler gefärbte Nervatur und die transparenten Spiegelungen beleben das purpurn getönte Rosa der Blüte. Im Herz öffnet sich ein Strauß aus Staubblättern mit goldgelben Antheren.

ANMERKUNG

Diese herrliche Sorte mit großen, einfachen und leuchtenden Blüten überzeugt auch durch ihren kräftigen Wuchs.

MEMO

BLÜTE: einfach
DURCHMESSER: 20 cm
DUFT: schwach
BLÜTEZEIT: Mitte April
HÖHE: 150 cm und höher

FUTAKAMI SHIGURE

BESCHREIBUNG

Die großen, grünlichen Knospen mit zarten rosa, weißen und violetten Streifen kündigen eine spannende Blütezeit an. Und diese Strauchpfingstrosensorte japanischer Herkunft enttäuscht wahrlich nicht, wenn die erste Blüte ihre großen, biegsamen und noch zerknitterten Blütenblätter wie ein Schmetterling entfaltet. Die einfache und aufrechte Einzelblüte zeichnet sich durch eine glänzend purpurrote bis dunkelmalvengetönte Grundfärbung aus, unterbrochen von weißen Streifen und hellgrünen Flecken an den Rändern der Blütenblätter. Die purpurn und grün gestreiften Blattstiele stützen Fiederblätter mit breiten, reingrünen Blättchen.

ANMERKUNG

Eine sehr originelle Strauchpäonie mit großen und am äußeren Rand leicht verwirbelten Blütenblättern.

MEMO

BLÜTE: einfach
DURCHMESSER: 22 bis 23 cm
DUFT: angenehm
BLÜTEZEIT: zweite Aprilhälfte
HÖHE: 150 cm

ROCKII

BESCHREIBUNG

Diese Päonienart wurde 1926 von Joseph Rock in die Vereinigten Staaten eingeführt und zieht sowohl Züchter wie Liebhaber noch immer in ihren Bann. Es ist unbestritten, dass die fast weiße Blüte nicht nur durch ihre Größe, sondern auch durch die Zeichnung in ihrer Mitte – das Markenzeichen dieser Art – beeindruckt. Rund um die leuchtend hellgelbe Krone aus Antheren, ihrerseits getragen von weißen und dunkelpurpurn gefärbten Staubfäden, zeichnet sich markant ein Stern aus auberginefarbenen Basisflecken ab. Die Basisflecken zerfließen in kunstvoller Aquarellmanier an den Rändern heller purpurrot und fein gefranst. Die Blüte, die während des Aufbrechens rosa erscheint, hellt sich sehr schnell zu einem nur leicht getönten Weiß auf.

ANMERKUNG

Die Art *P. rockii*, die in Europa und in den Vereinigten Staaten im Jahre 1926 eingeführt wurde, wurde von Sir Peter Smithers für die Züchtung zahlreicher Hybriden verwendet.

MEMO

BLÜTE: einfach
DURCHMESSER: 19 bis 22 cm
DUFT: schwach bis angenehm
BLÜTEZEIT: Mitte April
HÖHE: 150 cm

EZRA POUND

BESCHREIBUNG

Die breiten, auberginefarbenen Basisflecken im Herzen der Blüte verraten die chinesischen Ursprünge dieser amerikanischen Rockii-Hybride. Diese neuere Sorte stammt von dem New Yorker Züchter William Gratwick und wurde 1986 eingeführt. Die einfache, manchmal halbgefüllte, große Blüte ist von einem hellen Malvenrosa, das zum Rand hin weißlich verblasst. Die dunklen Basisflecken stehen in deutlichem Kontrast zur leuchtend goldfarbenen Antherenkrone. Der elegante Strauch trägt ein schmuckes, tiefgrünes, etwas purpurn überhauchtes Laub. Die schön geschnittenen Fiederblättchen bringen Leichtigkeit in die Silhouette der Pflanze.

ANMERKUNG

Ab dem 20. April ist mit dem Aufbrechen der Knospen zu rechnen.

MEMO

BLÜTE: einfach bis halbgefüllt
DURCHMESSER: 16 bis 20 cm
DUFT: angenehm
BLÜTEZEIT: zweite Aprilhälfte
HÖHE: 120 bis 150 cm

CHOJURAKU

BESCHREIBUNG

Ein würdiges Motiv für japanische Farbholzschnitte ist diese japanische Strauchpäonie der *Suffruticosa*-Gruppe mit gezähnten, leuchtend rosarot gefärbten Blütenblättern. Im hellgrünen Laub aus mittelgroßen Fiederblättchen präsentiert sich die große, halbgefüllte Blüte fast wie eine Votivgabe. Jede dieser auffälligen und aufrechten Blüten zeigt an ihren Wangen korallenrote Spiegelungen. ›Chojuraku‹ gefällt auch durch die weißliche Äderung und Fleckung der äußeren Blütenblätter. Die gesamte Blüte wird durch eine Krone von goldgelben Staubblättern aufgehellt. Die Fruchtblätter sind rötlich getönt. Der Strauch mit nicht ausgeprägter aufrechter Erscheinungsform blüht willig mit zahlreichen Blüten.

ANMERKUNG

Diese Sorte zeichnet sich durch regelmäßiges und eher schnelles Wachstum aus.

MEMO

BLÜTE: halbgefüllt
DURCHMESSER: 20 cm
DUFT: fehlt

BLÜTEZEIT: zweite Aprilhälfte
HÖHE: 150 cm

GODAISHU

BESCHREIBUNG

Reiner als rein! Dies könnte die Devise dieser elfenbeinfarbenen japanischen Strauchpfingstrose sein, deren Name jedoch »Fünf große Länder« bedeutet. Der schöne Strauch mit aufrechtem Wuchs erfreut jedes Jahr erneut mit üppiger Blüte. Über dem ein wenig spärlichen Laub erhebt sich die Blüte mit einer Krone aus sanft gewellten und anfänglich einwärtsgebogenen Blütenblättern. Sie umschließen ein Herz aus dicht stehenden Staubblättern mit weißen Staubfäden und blassfahlen Fruchtblättern. Die halbgefüllten Blüten sind makellos elfenbeinweiß bis zur Welke. Die mittelgroßen Fiederblättchen sind elegant geschnitten, und das leuchtende Hellgrün des Laubes setzt sich weniger dramatisch von den weißen Blüten ab, als beim bronzefarben getönten Blattwerk von ›Haku Unkaku‹.

ANMERKUNG

Eine japanische Strauchpfingstrose von bemerkenswerter Vitalität und schöner Herbstfärbung des Laubes. Sie eignet sich gut als Schnittblume.

MEMO

BLÜTE: halbgefüllt
DURCHMESSER: 21 bis 22 cm
DUFT: fehlt
BLÜTEZEIT: zweite Aprilhälfte
HÖHE: 150 cm

JEANNE D'ARC

BESCHREIBUNG

Wenn es diese Strauchpäonie sein soll, die Sie in Ihrem Garten pflanzen möchten, vergessen Sie bitte nicht, dass es sich um eine jener legendären Sorten des französischen Züchters Sénéclauze aus dem 19. Jahrhundert handelt und nicht um die gleichnamige gefüllte, pfirsichfarbene Staudenpäonienhybride von *P. lactiflora* des Züchters Calot. Unsere ›Jeanne d'Arc‹ zeigt nahezu gefüllte Blüten mit dachziegelartig angeordneten Petalen (Blütenblättern), die sich mit einem strahlenden, lachsfarben überhauchten Hellrosa schmücken. In der Nähe des Blütenzentrums werden die Blütenblätter immer kleiner. Diese *Suffruticosa* mit dem geschmeidigen Laub wird recht hoch, ist jedoch relativ langsamwüchsig.

ANMERKUNG

Die langstieligen Blüten eignen sich hervorragend als Schnittblumen und sind eine wahre Freude für Liebhaber der Floristik.

MEMO

BLÜTE: fast gefüllt
DURCHMESSER: 18 bis 19 cm
DUFT: schwach
BLÜTEZEIT: zweite Aprilhälfte
HÖHE: 150 cm

FRAGANS MAXIMA PLENA

BESCHREIBUNG

Diese Strauchpäonie mit kräftigem und dichtem Wuchs und gewöhnlich rundlicher Gestalt trägt Blüten, die den Eindruck großer Frische erwecken. Die gedrängt stehenden Petalen formen eine rundliche Blüte, deren romantisch leuchtende Farbe sich während der ganzen Blühsaison erhält. Die lebhaft rosa gefärbten Blütenblätter sind schwach lachsrot überhaucht. So erinnert diese europäische *Suffruticosa*, die zudem einen sehr leichten, angenehmen Duft verbreitet, durchaus an »Alte Rosen«. Tatsächlich handelt es sich um eine alte Sorte des Züchters Koenig aus dem Jahre 1853. Dieser in jeder Hinsicht dekorative Strauch bringt mit einem kräftig grünen und dichten Laub die Blüten gut zur Geltung. Jedes breite und spitz zulaufende Fiederblättchen ist purpurfarben umsäumt.

ANMERKUNG

Zuweilen werden auch flachere Blüten beobachtet. Dennoch bleiben wir dabei, dass es sich hier um eine ausgezeichnete Sorte handelt.

MEMO

BLÜTE: gefüllt
DURCHMESSER: 16 bis 18 cm
DUFT: sehr leicht
BLÜTEZEIT: Mitte April
HÖHE: 150 cm und höher

RIMPOU

BESCHREIBUNG

Die sich hoch über dem Laub öffnenden Blüten erinnern an Vögel auf ihrer Schlafstelle. Der Name der japanischen Strauchpäoniensorte lautet übersetzt »Heiliger Vogel« und erscheint gerechtfertigt, zumal sich die festen Blütenblätter mit gefranstem Rand übereinanderlegen wie ein glänzendes Gefieder. Die dunkelpurpurrote, halbgefüllte Blütenkrone umgibt ein Herz aus Staubblättern mit dunkelpurpurnen Fäden. Im Zentrum sind die Fruchtblätter ganz einfach weiß. Das starke Geäst trägt geschmeidiges Laub mit gewellten, länglichen Fiederblättchen.

ANMERKUNG

Der gedrungene Strauch bietet einen schmucken Anblick, ist aber recht langsamwüchsig.

MEMO

BLÜTE: halbgefüllt
DURCHMESSER: 20 cm
DUFT: fehlt
BLÜTEZEIT: zweite Aprilhälfte
HÖHE: 120 bis 150 cm

REINE ÉLISABETH

BESCHREIBUNG

Sie suchen eine sehr reichblühende, kräftige Strauchpäonie mit umwerfender Wirkung für Ihren Garten? Dann entscheiden Sie sich für diese alte Sorte von Casaretto (vermutlich Mitte des 19. Jahrhunderts). Eine Ausgabe, die sich bereits bezahlt macht, sobald die Pflanze ihre großen, lebhaft rosa nuancierten Blüten öffnet. Der Strauch mit charakteristisch stolzem, rundlichem Habitus zeigt ein mattgrünes Blattwerk mit breiten, stark eingeschnittenen Fiederblättchen. Ab Mitte April quellen in der Sonne die rötlichen Knospen auf, um das Erscheinen einer Blüte von wahrhaft barocker Opulenz vorzubreiten. Die unzähligen welligen, gerafften Blütenblätter verstärken den Eindruck von Üppigkeit.

ANMERKUNG

Eine der beeindruckendsten Päonien mit kräftigem Wuchs und üppigen, großen Blüten. Diese sind zur Blütezeit *der* Blickfang im Garten

MEMO

BLÜTE: gefüllt
DURCHMESSER: 18 bis 20 cm
DUFT: mild
BLÜTEZEIT: zweite Aprilhälfte
HÖHE: 150 cm

COMTESSE DE TUDER

BESCHREIBUNG

Diese schwere Blüte hat ganz offensichtlich keine Lust, uns in die Augen zu schauen … ein Nachteil dieses alten französischen Adels, der sich ansonsten so gutwillig entwickelt. Den etwas uneleganten Knospen folgen in der Mitte der Blütezeit gefüllte, sogenannte bombenförmige Blüten, auf deren leuchtend rosa gefärbten, zum Rande seidenartig verblassenden Blütenblättern sich lachsfarbene Spiegelungen erkennen lassen. Das Laub zeigt sich in mattem Grün auf der Oberseite und in bläulichem Grün auf der Unterseite. Die Fiederblättchen sind rundlich, aber eher unregelmäßig in der Form. Auch der Duft dieser Strauchpäonie ist entschieden zu schwach, als dass man deswegen länger bei ihr verweilen möchte.

ANMERKUNG

Voll entfaltet bietet die Blüte einen eindrucksvollen Anblick mit ihrer Masse an Blütenblättern, die leider gelegentlich ein wenig struppig wirken.

MEMO

BLÜTE: gefüllt
DURCHMESSER: 15 bis 17 cm
DUFT: schwach

BLÜTEZEIT: zweite Aprilhälfte
HÖHE: 150 cm

SHIUNDEN

BESCHREIBUNG

Diese japanische Strauchpfingstrose aus der *Suffruticosa*-Gruppe mit dem poetischen Namen »Palast der purpurnen Wolke« blüht Mitte April. Der dicht beastete, hohe und kräftige Strauch entwickelt ein vergleichsweise kleines und stark geschnittenes Laub. Die großen Blüten sind halbgefüllt bis gefüllt. Das knittrige, gerüschte Aussehen der dunkelpurpurnen Blütenkrone mit gefransten Blütenblatträndern erinnert etwas an eine Nelke. Einige grüne Streifen auf den äußeren Blütenblättern beleben die Grundfarbe – ein Merkmal, das schon die gekräuselten Knospen zeigen.

ANMERKUNG

Diese Sorte entwickelt vergleichsweise wenige Blüten. Doch hier geht Qualität vor Quantität!

MEMO

BLÜTE: halbgefüllt bis gefüllt
DURCHMESSER: 18 bis 20 cm
DUFT: schwach
BLÜTEZEIT: zweite Aprilhälfte
HÖHE: 150 cm und höher

PRINCESSE AMÉLIE

BESCHREIBUNG

Hier kontrastiert ein leuchtendes Herz aus Staubblättern mit den samtig schwarzen Basisflecken auf eine besonders berückende Weise. Die einfache und aufrecht wachsende Blüte gefällt durch eine dunkelpurpurne bis karminrote Färbung mit schönen satinartigen Spiegelungen. Damit zählt diese Pflanze sicher zu den prächtigsten dunklen *Suffruticosa*-Sorten! Die aus Japan stammende und vermutlich um 1900 in Frankreich eingeführte und mehrfach umgetaufte Strauchpäonie findet man zuweilen auch unter den Namen ›Toisho No Hokori‹ und ›Germanica‹. Sie blüht früh und wächst schnell zu einer ausgesprochen stattlichen Pflanze heran – mit glänzend grünem, kleinblättrigem Laub, das leicht gewellt ist.

ANMERKUNG

Ein lockerer und aufrechter Wuchs charakterisiert diese japanische Strauchpäonie. Die gewundenen Zweige sind für Liebhaber des Ikebana interessant.

MEMO

BLÜTE: einfach
DURCHMESSER: 18 bis 19 cm
DUFT: leicht

BLÜTEZEIT: Mitte April
HÖHE: 180 cm

AMBROSE CONGREVE

BESCHREIBUNG

Diese *Suffruticosa* aus dem Jahre 1986, die 1994 eingeführt wurde, ist ein Sämling von ›Rock's Variety‹ und die Kreation des genialen Züchters Sir Peter Smithers. Die einfache Blüte mit ihrer frischen Farbe weiß tatsächlich zu bezaubern. Sie ist groß und erinnert mit ihren gewellten Petalen an ein verführerisches Seidenkleid aus unterschiedlichen Rosatönen. Aus der Blütenmitte strahlt dabei ein intensiver rosaroter Farbton heraus. Die dunklen Basisflecken, die kleinen, rundlichen Blattfiedern, aber auch die weiß getönten Fruchtblätter verraten ihre Abstammung von *P. rockii*.

ANMERKUNG

Der Strauch und das dunkle Laub sind sehr vital.

MEMO

BLÜTE: einfach
DURCHMESSER: 18 cm
DUFT: fehlt
BLÜTEZEIT: Mitte April
HÖHE: 150 cm und höher

HATSU GARASHU

BESCHREIBUNG

Ihr japanischer Züchter nannte sie »Erste Krone des Jahres« aufgrund ihrer frühen Blüte mit dunkelkarminroten Blütenblättern, die kastanien- bis schokoladenbraune Spiegelungen zeigen. Im gleichen düsteren Farbton erscheinen Narbe und die den Fruchtknoten umgebende Scheide. Eine glänzende Oberfläche der leicht gebogenen Blütenblätter hellt den finsteren Eindruck der Blüte etwas auf. Die Pollen, die sich wie Goldstaub über die dunklen Blütenblätter im Zentrum legen, ergeben einen zusätzlichen reizvollen Kontrast. Der Strauch ist klein, was jedoch dem positiven Erscheinungsbild dieser Päonie mit ihren elegant zurückfallenden, länglichen Blattfiedern keinen Abbruch tut.

ANMERKUNG

Bis heute ist die ›Hatsu Garashu‹ die Strauchpfingstrose mit der dunkelsten Färbung, wobei die Rottöne im Verlauf der Blüte sogar noch nachdunkeln! Diese Sorte ist wüchsig und reichblühend.

MEMO

BLÜTE: halbgefüllt
DURCHMESSER: 15 bis 16 cm
DUFT: kaum wahrnehmbar

BLÜTEZEIT: Mitte April
HÖHE: 100 cm

GUARDIAN OF THE MONASTERY

BESCHREIBUNG

Der dunkle, fast schwarze Basisfleck lässt keinen Zweifel an der Abstammung von *P. rockii*. Diese Selektion von 1959 verdankt ihr Dasein dem Züchter William Gratwick. Sie ist bekannt für ihre ausgezeichneten Wuchseigenschaften und ihre Reichblütigkeit im April. Die einfache Blüte duftet zwar nicht, entschädigt dafür aber mit eindrucksvollen, rosafarbenen Blütenblättern, die am Rand hellrosa und über den Basisflecken purpurn schimmern. Die sehr große Blüte mit einem Durchmesser bis zu 22 Zentimetern erhebt sich eindrucksvoll über dem mattgrünen Laub. Ein Strauß Staubblätter entspringt im Herzen und verleiht der Blüte einen Hauch von Verspieltheit.

ANMERKUNG

Mit ihren riesigen Blüten verwandelt diese Pflanze selbst das bescheidenste Rasenquadrat in eine Augenweide.

MEMO

BLÜTE: halbgefüllt
DURCHMESSER: 20 bis 22 cm
DUFT: fehlt

BLÜTEZEIT: zweite Aprilhälfte
HÖHE: 150 cm

LACTEA

BESCHREIBUNG

Obwohl ›Lactea‹ gefüllten Staudenpfingstrosen aus China ähnelt, handelt es sich um eine Strauchpfingstrose aus der *Suffruticosa*-Gruppe ohne weitere Spezifizierung. Die Blüte erfolgt früh in der Saison auf einem Strauch mit rundlicher, eher niedriger Wuchsform. Die recht breiten Laubblätter sind hellgrün und purpurfarben geädert, die große Blüte mit zahlreichen, milchweißen Blütenblättern mit cremeweißer Haube zeigt im Herzen violette, gefranste Flecken. Einigen Staubblättern gelingt es, sich zwischen den engen Blütenblättern hindurchzuzwängen. Allerdings vermag nur eine geschulte Nase den Hauch eines Duftes wahrzunehmen.

ANMERKUNG

Eine der besten weißen Strauchpfingstrosensorten.

MEMO

BLÜTE: gefüllt
DURCHMESSER: 15 bis 19 cm
DUFT: sehr schwach
BLÜTEZEIT: zweite Aprilhälfte
HÖHE: 120 bis 150 cm

HANA DAIJIN

BESCHREIBUNG

Die Übersetzung des japanischen Namens geben manche Autoren mit »Gesandte der Blumen« oder »Hohepriesterin des Gartens« an. Diese gedrungene Päonie der *Suffruticosa*-Gruppe beeindruckt tatsächlich durch ihre hoheitsvolle Färbung – umso mehr, als diese mit dem dichten, mattgrünen, schwach purpurn überhauchten Laub besonders gut harmoniert. Mit halbaufrechtem, gedrungenem Wuchsbild erreicht sie eine Höhe von 1,50 Metern. Die halbgefüllte, große Blüte zeigt einen leicht gewellten Rand und hält ihren Kopf hoch. Die Farbe der Japanerin ist sehr homogen violettpurpurn und zeigt kaum Nuancen, auch wenn sich gelegentlich am Rande der Blütenblätter weiße Streifen bilden.

ANMERKUNG

Eine prächtige und erstaunliche Strauchpfingstrose mit violettpurpurfarbenen großen Blüten. Die empfindlichen Blütenblätter sollten vor Regen geschützt werden. Diese Sorte eignet sich zur Gewinnung von Schnittblumen.

MEMO

BLÜTE: halbgefüllt
DURCHMESSER: 20 cm
DUFT: fehlt
BLÜTEZEIT: zweite Aprilhälfte
HÖHE: 120 bis 150 cm

HANA KISOI

BESCHREIBUNG

Diese gewaltigen Blüten von 25 Zentimetern im Durchmesser empfindet man geradezu als Provokation. Da erscheint der japanische Name schon gerechtfertigt, der im übertragenen Sinn etwa »Wetteifer der Blumen« bedeutet. Die japanische Strauchpäonie aus der *Suffruticosa*-Gruppe ist wie geschaffen, all diese riesigen Blüten zu tragen: Sie zeigt starke Zweige, ein ausgezeichnetes Wachstum und eine hohe Silhouette. Prächtig fällt auch das kräftig grüne, schön geschnittene Laub aus. Die leicht gekräuselten und gezähnten Petalen bilden ein raschelndes Blütenkleid. Das leuchtende Muschelrosa der leicht duftenden Blüte wird im Zentrum kräftiger. Narbe und die Scheide des Fruchtknotens sind weiß.

ANMERKUNG

Trotz ihrer imposanten Größe zeigen die Blüten ein sehr gutes Verhalten am Strauch. Auch für den Vortrieb im Wintergarten, als Topfpflanze und als Schnittblume geeignet.

MEMO

BLÜTE: halbgefüllt
DURCHMESSER: 23 bis 25 cm
DUFT: schwach
BLÜTEZEIT: zweite Aprilhälfte
HÖHE: 150 cm und höher

VICTOR LEMOINE

BESCHREIBUNG

Ende April öffnen sich die hübschen Knospen dieser zur *Suffruticosa*-Gruppe zählenden europäischen Strauchpäonie. Die Blüten präsentieren sich von Anfang an in einem zauberhaften Malvenrosa und neigen sich elegant, wie um uns zu verleiten, sie anzuheben und ihren sanften Duft besser wahrzunehmen. Trotz ihrer zahlreichen Petalen schwankt die ›Victor Lemoine‹ zwischen einer halbgefüllten und einer locker gefüllten Blütenform. Die Farbe der Blüten harmoniert gut mit dem dunkelgrünen Laub und dem Purpur der Blattstiele. Der Strauch ist groß und halb aufgerichtet. Diese Sorte stammt von dem Züchter Michel Rivière und wurde 1998 registriert.

ANMERKUNG

Die Farbe hellt sich nach der Blüte ein wenig auf, jedoch ohne verwaschen zu erscheinen. Bei Bestellungen beachten: Diese Päoniensorte darf nicht mit der gleichnamigen Züchtung von Calot verwechselt werden – einer alten Staudenpäonie von 1866.

MEMO

BLÜTE: halbgefüllt bis gefüllt
DURCHMESSER: 18 bis 20 cm
DUFT: zart
BLÜTEZEIT: Ende April bis Anfang Mai
HÖHE: 150 cm

TAMAFUYO

BESCHREIBUNG

Wenn Sie »Alte Rosen« lieben, erliegen Sie mit Sicherheit auch dem Charme dieser bezaubernden japanischen Strauchpfingstrose, deren Name etwa »Geschmückte Lotusblüte« bedeutet. Die aufrechte, annähernd gefüllte Blüte verbreitet einen leichten Duft. Doch am auffälligsten ist die ebenmäßig gestaltete, pokalförmige Blütenkrone. Die nach innen gebogenen Blütenblätter werden umso kleiner, je mehr sie sich der Mitte nähern. Das Blassrosa der Blüte, das am Blütenboden in ein helles Karmesinrosa übergeht, kontrastiert klar und sehr reizvoll mit dem bronzefarben getönten, mattgrünen Laub.

ANMERKUNG

Die hochwüchsige Päonie der *Suffruticosa*-Gruppe blüht sehr früh.

MEMO

BLÜTE: nahezu gefüllt
DURCHMESSER: 18 bis 20 cm
DUFT: schwach
BLÜTEZEIT: Mitte April
HÖHE: 150 cm und höher

INTERSEKTIONELLE HYBRIDEN

Intersektionelle Hybride ›Garden Treasure‹

HILLARY

BESCHREIBUNG

Diese Hybride aus der Gruppe der Intersektionellen Päonien des amerikanischen Züchters Anderson (1999 registriert) besticht durch den Nuancenreichtum ihrer hellapricot- und leuchtend purpurrosafarbenen Blüten. An den äußeren Blütenblatträndern mischt sich ein cremefarbener Ton hinein, der sich mit der Zeit ausbreitet und die Blüte weiter aufhellt. Die wenigen Staubblätter behindern kaum die Sicht auf die dunkleren, fast rot erscheinenden Basisflecken am Blütenboden. Die Fruchtblätter sind grünlich weiß. Diese Pfingstrose mit kompaktem Wuchs trägt stattliches Laub mit kräftiger, dunkelgrüner Farbtönung, eine Kulisse, die die Blütenpracht zum Leuchten bringt.

ANMERKUNG

In einer Staudenrabatte verdient diese Hybride die Gesellschaft von violetten und violettblauen Akeleisorten. Das mit der Zeit ständig wechselnde, reizvolle Farbenspiel der großen Blüten ist ein wahrer Blickfang im Garten.

MEMO

BLÜTE: halbgefüllt bis gefüllt
DURCHMESSER: 15 bis 18 cm
DUFT: schwach

BLÜTEZEIT: Anfang bis Mitte Mai
HÖHE: 80 cm

YELLOW DREAM

BESCHREIBUNG

Diese Intersektionelle ist das Resultat einer Kreuzung zwischen der klassischen, gelb blühenden, gefüllten Strauchpfingstrose ›Alice Harding‹ von Lemoine (nicht zu verwechseln mit der Staudenpfingstrose dieses Namens vom selben Züchter, siehe Seite 176!) und der japanischen weißen, halbgefüllten Staudenpfingstrose aus der *Lactiflora*-Gruppe ›Kakoden‹.

Der kompakte, fast rundliche Wuchs und das üppige Laub ergeben ein gefälliges Bild. Die mattgrünen, purpurstichigen sowie deutlich eingeschnittenen Blattfiedern sind von mittlerer Größe. Die Blütenblätter sind gewellt und an den Rändern lebhaft hellgelb und zeigen im Bereich des Blütenbodens orangefarbene, gefranste Basisflecken.

ANMERKUNG

›Yellow Dream‹ ist eine der vier Sorten, die noch aus der züchterischen Arbeit des Japaners Toichi Itoh stammen. Die Produktion wurde später von dem Amerikaner Louis Smirnow wieder aufgenommen, der sie 1974 registrieren ließ.

MEMO

BLÜTE: halbgefüllt
DURCHMESSER: 16 bis 17 cm
DUFT: schwach bis nicht wahrnehmbar

BLÜTEZEIT: Anfang bis Mitte Mai
HÖHE: 80 cm

GARDEN TREASURE

BESCHREIBUNG

›Garden Treasure‹ ist eine Schöpfung des amerikanischen Züchters Hollingsworth aus dem Jahre 1984 und gehört zu den bekanntesten Hybriden der Intersektionellen. Als bisher einzige aus dieser Gruppe erhielt sie die Goldmedaille der American Peony Society. Mit dunklem Laub, über dem sich die leuchtend gelben Blüten deutlich abheben, zeigt diese Hybride eine elegante Erscheinungsform. Die wunderbar zart cremegelben, im Inneren sattgelben Blütenblätter sind am Grund orange geädert. Ein Kranz goldgelber Staubblätter verstärkt den intensiveren Gelbton im basisnahen Bereich der Blütenblätter. Die rosa getönte Narbe setzt einen charmanten Akzent.

ANMERKUNG

Die ausgewachsene Pflanze kann bis zu 50 Blüten pro Saison hervorbringen.

MEMO

BLÜTE: halbgefüllt
DURCHMESSER: 12 bis 15 cm
DUFT: fehlt
BLÜTEZEIT: erste Maihälfte
HÖHE: 120 cm

PASTEL SPLENDOR

BESCHREIBUNG

Diese neue amerikanische Züchtung stammt von Anderson und Seidl (1995), den führenden Spezialisten für Intersektionelle Hybriden. Sie zeichnet sich durch die wunderbare Zartheit ihrer Farbpalette aus: Die hellrosa und gelb getönten Blütenblätter sind sanft rosa umrandet und bilden einen anmutigen, sehr lebendigen Kontrast zu den dunkelpurpurroten, fein gefransten Basisflecken, die ihrerseits als Folie für eine Krone aus weißlich getönten Staubblättern dienen. Die Pflanze entwickelt festes, elegant geschnittenes Laub in einem schönen Dunkelgrün. Die Stängel sind robust und tragen die Blüten stabil über den Blättern. Mit all diesen Vorzügen ist diese Sorte Maßstab für künftige Intersektionelle Hybriden.

ANMERKUNG

Die Farbe der Blüten kann je nach Standort der Pflanze ein wenig variieren.

MEMO

BLÜTE: halbgefüllt
DURCHMESSER: 12 bis 15 cm
DUFT: nicht wahrnehmbar
BLÜTEZEIT: erste Maihälfte
HÖHE: 65 cm

STAUDENPÄONIEN

ARTEN

Staudenpäonie *P. anomala* ›Smouthei‹

P. OFFICINALIS HUMILIS VILLOSA

BESCHREIBUNG

Man findet diese Päonie auch unter dem veralteten Namen *P. officinalis* ssp. *villosa*. Diese Unterart der Bauernpfingstrose besticht durch die Form ihrer gefiederten Laubblätter mit unregelmäßig tief eingeschnittenen Fiederblättchen, die an das Laub des Tränenden Herzens *Dicentra spectabilis* erinnern. Die Unterseite der Blattfiedern ist flaumig und hellgrün, während die Oberseite dunkelgrün und unbehaart erscheint. Die Blütenblätter der einfachen Blüten sind oval geformt, rot und im aufgeblühten Zustand fast flach ausgerichtet. Im Tiefland kultiviert, blüht diese Berg- und Steppenpflanze zeitig im Steingarten und in einem helleren Farbton als in der Natur, behält jedoch ihren frischen, pudrigen Duft.

ANMERKUNG

Natürlich kommt sie in Südfrankreich, hauptsächlich in der Umgebung von Montpellier vor, wir finden sie jedoch ebenso in Mittelitalien in der Nähe von Florenz.

MEMO

BLÜTE: einfach
DURCHMESSER: 9 bis 13 cm
DUFT: leicht
BLÜTEZEIT: Ende April
HÖHE: 30 bis 40 cm

P. OFFICINALIS MUTABILIS PLENA

BESCHREIBUNG

Trotz ihrer nur durchschnittlichen Größe besticht diese Bauernpfingstrose durch ihr schönes fülliges und dichtes Laub. Die schmalen Blattfiedern sind am Rand gerundet und zeigen eine lebhaft hellgrüne Färbung. Die Blüten sind gefüllt, jedoch nicht so ausgeprägt kugelförmig wie die der Sorten ›Rosea Plena‹ und ›Rubra Plena‹. Man schätzt ihre reichen blassrosa Töne mit weißen Streifen neben einem intensiveren, von fast durchscheinenden Streifen gezeichneten Rosa. Die Intensität des Rosafarbtons nimmt zur Blütenmitte zu. Die Stängel sind ein wenig schwach unter der Last der schweren Blüten und benötigen die Unterstützung von stabileren Nachbarpflanzen beziehungsweise eine Stützhilfe.

ANMERKUNG

Eine Pflanze für den Steingarten auf einem Boden mit kleinen Steinen, aber auch in einer gemischten Rabatte. Die sehr früh blühende Bauernpfingstrose eröffnet oft die Päoniensaison.

MEMO

BLÜTE: gefüllt
DURCHMESSER: 14 cm
DUFT: fehlt

BLÜTEZEIT: Mitte April bis Anfang Mai
HÖHE: 50 bis 60 cm

P. OFFICINALIS RUBRA PLENA

BESCHREIBUNG

Schon die Blütenknospen zeigen ein ausgeprägt dunkles Rot und lassen bereits in diesem Stadium auf eine aufregende Blüte hoffen. Tatsächlich erstrahlen die Blüten nach der Öffnung in einem intensiven, dunklen Karminrot. Gegen Ende der Blütezeit verblasst diese herrliche Farbe regelmäßig. Ein Grund mehr, die gefüllten Blüten in frischem Zustand abzupassen. Die ausladende Blütenkrone bildet mit den äußeren, runden Blütenblättern eine breite Schale, in der eine große Quaste aus zahlreichen, gefältelten Blütenblättern zu liegen scheint. Es handelt sich hier, wie auch bei den anderen Sorten dieser Kategorie, vermutlich um jahrhundertealte Züchtungen, deren Herkunft entsprechend ungewiss ist.

ANMERKUNG

Diese kleinwüchsige Päonie mit lockerem Laub ist sehr robust und kräftig. Als historische Pfingstrose findet sie ihren Platz in Bauern- und Großmuttergärten, aber auch in zeitgenössischen Staudenrabatten – ein Beitrag zur Erhaltung alter Zier- und Heilpflanzen.

MEMO

BLÜTE: gefüllt
DURCHMESSER: 14 cm
DUFT: nicht wahrnehmbar
BLÜTEZEIT: Mitte April bis Anfang Mai
HÖHE: 50 bis 60 cm

P. OFFICINALIS ALBA PLENA

BESCHREIBUNG

»Alba« heißt weiß, »plena« bedeutet gefüllt … eine zutreffende Bezeichnung: Diese kleine Pfingstrose gefällt mit ihrer reinweißen Blüte, selbst wenn man der Täuschung unterliegt, sie in einem rosa Farbton schimmern zu sehen. Die Blütenform ähnelt jener von ›Rubra Plena‹ mit einer Quaste aus zerzausten Petaloiden (blütenblattähnlichen Umbildungen der Staubblätter). Die Staude mit breiter Silhouette trägt ein schönes kräftig grünes Laub. Für die Herkunft dieser Bauernpfingstrose gelten dieselben Umstände wie bei ›Rubra Plena‹.

ANMERKUNG

Eine der ersten Pfingstrosen der Saison, die ebenfalls zu den historischen Päonien zählt. Züchter und Eltern sind unbekannt.

MEMO

BLÜTE: gefüllt
DURCHMESSER: 14 cm
DUFT: fehlt

BLÜTEZEIT: Mitte April bis Anfang Mai
HÖHE: 50 bis 60 cm

P. OFFICINALIS ROSEA PLENA

BESCHREIBUNG

Das Laub von ›Rosea Plena‹ hat mit den Blättern der Naturform, der Bauernpfingstrose *P. officinalis*, kaum noch Ähnlichkeit. Hier sind die Blattfieder hellgrün, fest und spitz zulaufend und wenden gern ihre Rückseite nach oben. Die gut gefüllte, lebhaft pinkfarbene Blüte ist kugelig geformt. Dabei bilden die großen, runden Blütenblätter eine Schale, die einen üppigen Strauß aus schmalen, länglichen Petaloiden (zu Blütenblättern umgebildete Staubblätter) aufnimmt. Leider neigt die Blüte dazu, zu verblassen. Zuweilen nimmt man einen frischen, pudrigen Duft wahr.

ANMERKUNG

Diese sehr wuchsfreudige Pfingstrose blüht üppig. Auch sie zählt zu den historischen Päonien.

MEMO

BLÜTE: gefüllt
DURCHMESSER: 14 cm
DUFT: fein

BLÜTEZEIT: Anfang Mai
HÖHE: 50 bis 60 cm

P. OFFICINALIS SPHERICA VIOLACEA

BESCHREIBUNG

Es bedarf schon eines geübten Auges, um diese Staudenpfingstrose nicht mit ›Rubra Plena‹ zu verwechseln; in Frankreich wird Letztere in Anbetracht ihrer roten Blüten »ivrogne« (Trunkenbold) genannt. ›Spherica Violacea‹ ist eine sehr alte, offizinelle Bauernrose, die in Europa in den klösterlichen Kräutergärten als Heilpflanze kultiviert wurde. Diese Staudenpäonie zeigt dunkelgrünes Laub und erreicht eine Höhe von etwa 70 Zentimetern. In Staudenrabatten behauptet sie sich gut, wo sie ihre zahlreichen, rundlichen Blüten von Ende April an präsentiert. ›Spherica Violacea‹ ist schon Jahrhunderte alt – ein Grund mehr, an ihren dunkel schimmernden, purpurvioletten Blüten Gefallen zu finden.

ANMERKUNG

Diese historische Pfingstrose stellt einen besonderen Schatz im Garten dar und wird mit Sicherheit ihre Liebhaber und Sammler finden.

MEMO

BLÜTE: gefüllt
DURCHMESSER: 10 bis 15 cm
DUFT: ohne
BLÜTEZEIT: Ende April bis Anfang Mai
HÖHE: 65 bis 70 cm

P. ANOMALA SMOUTHEI

BESCHREIBUNG

Vor ihrer Blüte, etwa Ende April oder Anfang Mai, erkennt man kaum ihre Zugehörigkeit zu den Pfingstrosen, denn die dunkelgrünen Laubblätter sind sehr schmal und länglich geschnitten. Die anmutig gebogenen Fiederblätter sind wie bei einer Pagode stockwerkartig am Stängel angeordnet. Die einfache Blüte öffnet sich schalenförmig und zeigt ihr Herz aus kurzen und dicht gedrängt stehenden, goldgelben Staubblättern. Die rundlich geschnittenen Blütenblätter zeigen sich in einem sehr dunklen und glänzenden Karminrot. Diese Staudenpäonie ist eine Hybride aus *P. tenuifolia* und *P. lactiflora*. ›Smouthei‹, die auch unter der Bezeichnung ›Smoutii‹ oder ›Smouti‹ zu finden ist, ist eine alte Züchtung aus Frankreich.

ANMERKUNG

Den schönsten Effekt mit dieser Päonie erzielt man in einer Rabatte oder vor einer Gehölzgruppe, denn sie bietet mit ihrem eleganten Laub auch nach der Blüte einen reizvollen Anblick. Als eine der frühesten Sorten lässt sie sich im Beet gut mit Tulpen kombinieren.

MEMO

BLÜTE: einfach
DURCHMESSER: 11 cm
DUFT: ohne
BLÜTEZEIT: Ende April
HÖHE: 50 cm

P. TENUIFOLIA

BESCHREIBUNG

Dieses kleinblütige und kleinwüchsige Wunder an Anmut und Farbe kommt in den Steppen, den lichten Strauchbeständen und an den Waldrändern Südosteuropas, des Kaukasusgebirges und Persiens vor. Die Pflanze bildet eine farnartige, dichte Laubkuppel von filigraner, fast exotisch anmutender Eleganz, was ihr unter anderen den deutschen Namen »Schmalblättrige Pfingstrose« einbrachte. Die Laubblätter sind für Päonien sehr untypisch und erinnern eher an das fadenförmige Laub des Frühlings-Adonisröschens *Adonis vernalis* oder des Schmuckkörbchens *Cosmos bipinnatus*. Die einfachen Blüten öffnen sich sehr früh und präsentieren sich in einem feurigen Karminrot.

ANMERKUNG

Diese wundervolle, zierliche Päonienart blüht im April leider nur relativ kurz und gilt überdies als launische Pflanze. Sehr gut passt sie in Felssteppenbeeten, zum Beispiel auf Dachgärten. Es gibt im Übrigen auch eine rosa blühende Sorte ›Rosea‹.

MEMO

BLÜTE: einfach
DURCHMESSER: 4 bis 5 cm
DUFT: ohne

BLÜTEZEIT: Mitte April
HÖHE: 40 cm

STAUDENPÄONIEN

HYBRIDEN

Staudenpäonienhybride ›Edgar Jessep‹

CONSTANCE SPRY

BESCHREIBUNG

Die Intensität der leuchtend rosa getönten, fast pink fluoreszierenden Blüten ist kaum zu übersehen; eine Farbe, die leicht anderen Päoniensorten die Schau stiehlt. Die alles überstrahlende Farbe der Blütenblätter lässt die feinen, lachsfarbenen Spiegelungen nur erahnen. Die große Blüte zeigt anfänglich etwas einwärts gebogene Blütenblätter, die auf diese Weise das Herz aus weißen Staubfäden und blassrosa gefärbten Fruchtblättern schützen. Die elegante Pfingstrose mit lockerer, grüner Belaubung und aufrechten Stängeln blüht reichlich. Wie ›Reward‹ (siehe Seite 132) ließ der Züchter Saunders auch diese amerikanische Hybride 1941 registrieren.

ANMERKUNG

Diese Staudenpäonie mit mittelgroßem Laub eignet sich für prachtvolle Sträuße. Nicht zu verwechseln mit der Austin-Rose desselben Namens!

MEMO

BLÜTE: einfach
DURCHMESSER: 14 bis 16 cm
DUFT: ohne
BLÜTEZEIT: erste Maihälfte
HÖHE: 90 bis 100 cm

POSTILLON

BESCHREIBUNG

Es überrascht, unter unzähligen einfachen Blüten von ›Postillon‹ (auch ›Postilion‹) gelegentlich eine gut gefüllte Blüte zu finden. Der berühmte Päonienzüchter Saunders bewies wieder einmal seine glückliche Hand, als er 1941 bei der Einkreuzung von *P. lactiflora* und *P. officinalis* eine Pfingstrose voller Vitalität und von stattlichem Wuchs erhielt. Damit ist ›Postillon‹ ein besonders geschätztes Pflanzelement in einer Staudenrabatte – umso mehr, als die Blüte sehr prachtvoll ausfällt: große, leuchtend scharlachrote Petalen (Blütenblätter), ein lebhaft gefärbtes Herz aus einer roten Narbe und einem Kranz roter Staubfäden, die goldgelbe Antheren tragen. ›Joyce Ellen‹ ist die Sorte, die ihr am ähnlichsten sieht.

ANMERKUNG

Diese Staudenpfingstrose ist wirklich eine spektakuläre Pflanze. Wenn sie sich wohl fühlt, kann sie eine Höhe von 1,10 Metern erreichen.

MEMO

BLÜTE: einfach bis halbgefüllt
DURCHMESSER: 18 bis 20 cm
DUFT: ohne
BLÜTEZEIT: erste Maihälfte
HÖHE: 90 bis 110 cm

WHITE INNOCENCE

BESCHREIBUNG

Liebhaber großer Stauden lassen sich von der erstaunlichen Größe dieser Sorte gern verführen, die unter guten Bedingungen eine Höhe von nahezu 1,70 Metern erreicht. Die auffällig schlanke Pflanze ist während der Vegetationszeit auf einen guten Halt angewiesen. Die aufrechten Blüten öffnen sich deutlich über lockerem Laub, zeigen ein reines Weiß, auf das die wenigen Staubblätter und grünlich weißen Fruchtblätter kaum abfärben. Die einerseits geringe Größe der Blüten wird andererseits durch ihre große Anzahl weitgehend kompensiert.

ANMERKUNG

Diese Pfingstrose schmückt den Hintergrund eines Beetes oder stellt eine passende Begleitung zu Spier- und Fliedersträuchern dar.

MEMO

BLÜTE: einfach
DURCHMESSER: 12 bis 15 cm
DUFT: ohne

BLÜTEZEIT: erste Maihälfte
HÖHE: 150 bis 170 cm

HI-MABEL

BESCHREIBUNG

Diese Hybride aus *P. lactiflora* und *P. officinalis* hisst ihre Farben über lockerem, grünem Blattwerk. Auf derselben Pflanze öffnen sich Anfang Mai sowohl halbgefüllte als auch gefüllte Blüten. Eine weitere Überraschung: Das weit geöffnete Herz dieser Päonie erscheint etwas zerzaust, wenn rosafarbene Petaloiden (Metamorphosen der Staubblätter) sich mitten durch die goldgelben Staubblätter hindurchschieben. Überraschend ist auch die Leuchtkraft der himbeerrosa Farbtöne, sobald Sonnenlicht auf die Blüte fällt.

ANMERKUNG

Die Stängel verdrehen sich oft in unerwarteter Weise, erzeugen damit jedoch eine gewisse Originalität in Ihrem Blumenbeet.

MEMO

BLÜTE: halbgefüllt bis gefüllt
DURCHMESSER: 14 bis 16 cm
DUFT: ohne
BLÜTEZEIT: erste Maihälfte
HÖHE: 100 bis 110 cm

HONOR

BESCHREIBUNG

›Honor‹ verkörpert die Eleganz schlechthin. Diese schöne Staudenpäonie des amerikanischen Züchters Saunders aus dem Jahre 1941 ist das Resultat einer Kreuzung zwischen *P. lactiflora* und der leuchtend lachsrosa blühenden *P. obata* ›Otto Froebel‹. Die attraktive Staudenform und die Haltbarkeit ihrer kräftig hellgrünen Blätter beeindrucken. Anfang Mai öffnen sich an aufrechten Stängeln einfache Blüten mit runden Blütenblättern, die mit dem Licht zu spielen scheinen. Die himbeerrote Farbe der Blüte erfreut durch ihre Intensität und Strahlkraft. Die Blüte blickt gen Himmel, um ihr großes Herz zu offenbaren. Dabei sehen ihre Staubblätter wie Seeanemonen aus, und die hellen Fruchtblätter erscheinen grünlich grau.

ANMERKUNG

Diese Spitzensorte blüht reich und verlässlich.

MEMO

BLÜTE: einfach (gelegentlich halbgefüllt)
DURCHMESSER: 16 cm
DUFT: ohne
BLÜTEZEIT: erste Maihälfte
HÖHE: 90 cm

CYTHEREA

BESCHREIBUNG

Was für ein harmonisches Bild: leuchtend tiefrosa bis himbeerrote Blüten über hellgrünen, länglichen Blattfiedern! Die Pflanze ist ebenso vital, wie ihre Stängel kräftig und aufrecht erscheinen, sodass die Blüten stets nach oben zeigen. Die festen, nach innen gebogenen Blütenblätter bilden einen rundlichen, schützenden Becher um das empfindliche Herz. Die Bienen sammeln mit Eifer den Nektar am Blütenboden, wo sie besonders gut vor Wind geschützt sind. Aufgrund zahlreicher positiver Eigenschaften erhielt diese Sorte 1980 die Goldmedaille der APS (American Peony Society). Sie ist eine Hybride aus *P. lactiflora* x *P. peregrina*, die ihr Züchter Saunders 1953 registrieren ließ.

ANMERKUNG

Als Schnittblume hält diese Sorte lange in der Vase.

MEMO

BLÜTE: halbgefüllt
DURCHMESSER: 15 bis 16 cm
DUFT: ohne
BLÜTEZEIT: Mitte Mai
HÖHE: 80 bis 90 cm

LITTLE RED GEM

BESCHREIBUNG

Eine besonders entzückende Staude ist diese amerikanische Päonienhybride des Züchters Reath aus dem Jahre 1988. Bemerkenswert ist vor allem das feine, fiedrige Laub mit stark geschlitzten, länglichen Blättern, das die Verwandtschaft mit *P. tenuifolia* (siehe Seite 109) aber auch mit *P. anomala* ssp. *veitchii* verrät. Dieses Laub ist charakteristisch für die robuste Pflanze mit ihrer ausgewogenen, rundlichen Form. Trotz ihrer Kleinwüchsigkeit sieht man die Blüten schon von Weitem – dank ihrer karmesinroten Farbe – und weil sie sich überdies deutlich über dem Laub erheben. Aus der Nähe betrachtet, zeigen sich ein aufgehellter Blütenblattrand und ein Strauß aus ungewöhnlich gedrungenen Staubblättern mit dottergelben Antheren.

ANMERKUNG

Diese kleine Staudenpfingstrose öffnet wie *P. tenuifolia* sehr früh ihre Blüten (ab Ende April) und ist wie diese für Stein- und Steppenbeete geeignet. In Staudenbeeten mit höherwüchsigen Pflanzen gehört sie in den Vordergrund.

MEMO

BLÜTE: einfach
DURCHMESSER: 7 bis 10 cm
DUFT: fehlt
BLÜTEZEIT: Ende April bis Anfang Mai
HÖHE: 45 cm

EDGAR JESSEP

BESCHREIBUNG

Ist diese späte Pfingstrose faul oder ängstlich? Ihre großen dunklen Knospen explodieren nicht plötzlich in der Sonne: Sie lassen sich lieber Zeit, um ihre Blütenblätter zu entfalten – ein Blütenblatt nach dem anderen erblickt schön der Reihe nach das Licht der Welt. Die sehr großen, geöffneten Blüten schließlich neigen sich unter ihrem Gewicht und ziehen den Stängel oft bis zum Boden herab. Die karminroten, rundlichen Blütenblätter werden umso dunkler und zahlreicher, je mehr sie sich dem Herzen nähern. Sie zeigen sich anmutig chiffoniert wie bei einer Rosenblüte.

ANMERKUNG

Eine Abstützung empfiehlt sich für diese wüchsige Sorte mit fragilem Stängel. Die Blüte ist außerordentlich langlebig.

MEMO

BLÜTE: gefüllt
DURCHMESSER: 16 cm
DUFT: fehlt

BLÜTEZEIT: zweite Maihälfte
HÖHE: 90 bis 100 cm

RED CHARM

BESCHREIBUNG

Die dunkelkarminrote Farbe von ›Red Charm‹ erinnert unwillkürlich an die schweren Portieren eines barocken Salons. Die großen länglichen Blattfiedern und die üppige Erscheinung verleihen dieser Staudenpäonie den Anschein einer historischen Sorte. Die bis zu 15 Zentimeter hohe Blüte besteht aus einer Krone mit großen, runden Petalen, überragt von unzähligen Petaloiden. Diese Sorte entstand aus einer Kreuzung von *P. lactiflora* x *P. officinalis*. Der Züchter Glasscok ließ sie 1944 in den USA registrieren. Seither wird sie aufgrund ihrer hervorragenden Eigenschaften mit Ehrungen überhäuft. Die Goldmedaille der American Peony Society (die höchste Ehrung für Päonienzüchtungen) gewann sie schon 1956.

ANMERKUNG

Für eine Hybridpäonie blüht sie relativ spät. Diese Sorte eignet sich ideal in Schnittblumenbeeten oder in einem Gemüse-Zierpflanzen-Quartier in einer Ecke des Gartens.

MEMO

BLÜTE: Kronenform
DURCHMESSER: 18 cm
DUFT: leicht nach Nelke
BLÜTEZEIT: Mitte Mai
HÖHE: 90 cm

PINK CHALICE

BESCHREIBUNG

Diese Staudenpäonie des amerikanischen Züchters Saunders trägt grünes, lockeres Laub aus großen, gewellten Blattfiedern. Um Mitte Mai öffnen sich die Knospen an der Spitze eines geraden, festen Stängels. Die graziöse Einfachheit der Blüte ist schlicht bezaubernd – in Form und Farbe ähnlich einer Blütenchimäre zwischen Japan-Anemone *Anemone japonica* und Bergwaldrebe *Clematis montana*. Die rundlichen, am Rande leicht gewellten bis geknitterten Blütenblätter zeichnen mit ihrer zartcyclamenrosa Farbe mit violetten Reflexen ein weiches Licht. Die grünlich rosa getönten Fruchtblätter mit rosafarbenen Narben sind umkränzt von weißfädigen Staubblättern mit leuchtend sattgelben Antheren.

ANMERKUNG

Diese Pfingstrose zeichnet sich nicht nur durch ihre großen rosafarbenen Blüten aus, sondern auch durch ihre kräftige und ausgewogene Pflanzengestalt.

MEMO

BLÜTE: einfach
DURCHMESSER: 15 bis 20 cm
DUFT: fehlt
BLÜTEZEIT: erste Maihälfte
HÖHE: 100 cm

ANGELO COBB FREEBORN

BESCHREIBUNG

Ein Vorteil gefüllter gegenüber einfachen Blüten ist die zumeist längere Blütezeit. Bei den gefüllten Blüten benötigen die Blütenblätter Durchsetzungsvermögen und müssen sich verbiegen, um sich einen Platz an der Sonne zu verschaffen. Nach der Öffnung entsteht bei ›Angelo Cobb Freeborn‹ eine Kugel von enormen Ausmaßen in einer leuchtenden Farbmischung aus Rosa, Koralle und Karminrot. Diese Blütenblätter – aus botanischer Sicht blütenblattähnliche Metamorphosen der Staubblätter bzw. Petaloiden – üben Druck auf die großen, rundlichen echten Blütenblätter aus, die nun keine andere Wahl haben, als sich in die Nähe des Stängels zurückzubiegen, was der Blüte den Eindruck üppiger Fülle verleiht.

ANMERKUNG

Eine ausgezeichnete Sorte mit langer Blühsaison.

MEMO

BLÜTE: gefüllt und kugelförmig
DURCHMESSER: 15 cm
DUFT: leicht
BLÜTEZEIT: ab Mitte Mai
HÖHE: 110 cm

CORAL FAY

BESCHREIBUNG

Diese Pfingstrose des amerikanischen Züchters Fay (registriert 1972) ist eine Hybride zwischen der zweiten Filialgeneration von ›Laddie‹ und ›Laddie‹. Sie gehört zu den Pfingstrosen, die auch aufgrund ihres schönen, tief geteilten Laubes begehrt sind – ähnlich wie die dunkelkarminrote und sehr früh blühende ›Early Scout‹ (von Auten, 1952). Dies erstaunt kaum, wenn man weiß, dass beide Sorten von *P. tenuifolia* (siehe Seite 109) abstammen. Man schätzt die breit ausladende Gestalt von ›Coral Fay‹, ihre hellgrünen, elegant gefiederten Laubblätter und ihre leicht geneigten Blüten. Die Farbpalette der Blütenblätter wechselt zwischen intensivem Himbeerrosa und flammendem Karminrosa, illuminiert von hellgelben Staubblättern.

ANMERKUNG

›Coral Fay‹ eignet sich hervorragend für Steingärten oder zur Bereicherung kleiner Staudenbeete.

MEMO

BLÜTE: halbgefüllt
DURCHMESSER: 15 cm
DUFT: fehlt
BLÜTEZEIT: Anfang Mai
HÖHE: 75 cm

FAN TAN

BESCHREIBUNG

Als der Züchter Louis Smirnow diese Staudenpäonie aus Japan mitbrachte, hatte er es versäumt, sich nach ihrer Herkunft zu erkundigen. Einerlei – die geheimnisvolle Schönheit wurde 1954 unter dem Namen ›Fan Tan‹ registriert. Allerdings kann man sie zwischenzeitlich wieder unter dem Namen ›Aurea‹ oder auch ›Yokihi‹ finden. Diese Staudenpfingstrose mit gelben Wurzeln und glänzend grünem Laub entwickelt sich zu einer buschigen Staude mittlerer Größe. Ihre starken Stiele tragen aufrechte, große Blüten. Die Blütenblätter sind im Grundton hellapricotfarben mit gelben Reflexen und im Randbereich leicht rosa überhaucht. Die Basis der Staubfäden ist purpurviolett, eine Farbe, die nach oben ausbleicht.

ANMERKUNG

Diese besondere Päonie ist etwas für Sammler und Liebhaber und beginnt mit wenigen Blüten erst nach dem zweiten Jahr im Garten.

MEMO

BLÜTE: einfach bis halbgefüllt
DURCHMESSER: 15 bis 18 cm
DUFT: fehlt
BLÜTEZEIT: Anfang Mai
HÖHE: 70 cm

CORAL CHARM

BESCHREIBUNG

Die lebhafte Farbgebung dieser außergewöhnlichen Pfingstrose wechselt im Laufe der Zeit von Pfirsichfarben zu Korallenrot, verblasst allerdings nach dem Öffnen der Blüte. Ein cremefarbener Basisfleck ist auf beiden Seiten der nach innen gebogenen Blütenblätter zu erkennen, die in ihrer Gesamtheit eine Schale bilden. Das Laub ist kräftig grün und locker. Die Festigkeit der Stängel ermöglicht die Verwendung dieser Sorte als Schnittblume. ›Coral Charm‹ ist eine Hybride des amerikanischen Züchters Samuel Wissing (registriert 1964). Diese Sorte gedeiht gut und wurde aufgrund ihrer herausragenden Qualität 1986 von der American Peony Society mit der Goldmedaille bedacht.

ANMERKUNG

Die Farbe der Blüten verändert sich im Laufe der Zeit, doch die buschige Staude erweitert dadurch ihre ohnehin schöne und reizvolle Palette an Rosatönen. Profitieren auch Sie von diesen wunderbaren Eigenschaften von ›Coral Charm‹. Die blühende Staude benötigt eine Stützhilfe.

MEMO

BLÜTE: halbgefüllt
DURCHMESSER: 12 bis 15 cm
DUFT: fehlt

BLÜTEZEIT: Mitte Mai
HÖHE: 90 cm

CHALICE

BESCHREIBUNG

Wie ›Pink Chalice‹ (siehe Seite 121) ist ›Chalice‹ aus der Vermählung zwischen *P. lactiflora* und *P. macrophylla* hervorgegangen. Der bekannte New Yorker Züchter Saunders hat beide Sorten 1929 registrieren lassen. Wie ihre Schwester zeigt sie eine sehr gute, feste Staudenstruktur mit dunkelgrünen Laubbüscheln. Diese sind gekennzeichnet durch ihre großen, bemerkenswerten, am Ende spitz zulaufenden Blattfiedern mit deutlich abgesetzter Nervatur. Die gewaltigen Blüten sind geprägt von einer leuchtenden Kuppel aus goldgelben Antheren, die in einer Schale aus glänzend milchweißen, zweireihig angeordneten Blütenblättern sitzen.

ANMERKUNG

In der Vase nimmt sich die große Blüte von schlichter Eleganz besonders gut aus.

MEMO

BLÜTE: einfach
DURCHMESSER: 15 bis 20 cm
DUFT: fehlt
BLÜTEZEIT: Mitte Mai
HÖHE: 100 cm

CORALIE ROSE

BESCHREIBUNG

Diese Staudenhybride ist ein Produkt des Züchters Cauderon und lässt die Elternschaft von *P. lactiflora* und *P. anomala* ssp. *veitchii* vermuten. Wir finden großen Gefallen an dieser Pfingstrose, die jedes Jahr so treu und reichlich jeweils Anfang Mai mit ihren rosa gefärbten Blüten aufwartet. Die Pflanze ist mittelgroß, stabil und eignet sich gut zur eindrucksvollen Kulissengestaltung eines Staudenbeets. Ebenso wirkungsvoll lässt sie sich mit einer kleinen, bodendeckenden und dauerhaft weiß blühenden Rose wie zum Beispiel ›Little White Pet‹ in Szene setzen. Die Blüte ist einfach, mit gewellten, rundlichen, sanftrosa gefärbten Blütenblättern, durchsetzt mit einer helleren, feinen Äderung.

ANMERKUNG

Die großen, einfach geschnittenen Blüten wirken besonders beeindruckend hinter einer Reihe von farblich und größenmäßig abgestimmten Funkien *Hosta* ssp.

MEMO

BLÜTE: einfach
DURCHMESSER: 15 bis 18 cm
DUFT: fehlt
BLÜTEZEIT: Anfang Mai
HÖHE: 70 bis 80 cm

MAI FLEURI

BESCHREIBUNG

Als Produkt einer Kreuzung zwischen *P. lactiflora* und *P. wittmanniana* ließ der Züchter Lemoine diese prächtige Hybride 1905 registrieren. Die mittelgroße Pflanze wirkt in Staudenrabatten ebenso attraktiv wie in einem Steingarten. Stängel sowie Laubwerk sind wunderbar matt blaugrünlich getönt. Wenn sie Anfang Mai blüht, sollten Sie ihr die Gesellschaft des Maiglöckchens *Convallaria majalis* anbieten. Diese sehr reichblühende Pfingstrose besticht durch die zarte Erscheinung ihrer einfachen Blüten. Diese sind weißrosa getönt, während die untere Hälfte der Staubfäden wie auch die Narben sich durch ihre dunkelkarminrote Farbe deutlich vor dem lichten Hintergrund der Blütenblätter abheben.

ANMERKUNG

Originell ist die flaumige Unterseite der Laubblätter.

MEMO

BLÜTE: einfach
DURCHMESSER: 10 cm
DUFT: fehlt
BLÜTEZEIT: Anfang Mai
HÖHE: 60 cm

JANICE

BESCHREIBUNG

Die Blüten überraschen angenehm durch den einzigartigen Farbton, der eine gewisse Ähnlichkeit mit dem rosa getönten Gefieder des Rosaflamingos hat. Diese Hybride ging aus der Einkreuzung von *P. lactiflora* und *P. lobata* zu Beginn des Zweiten Weltkriegs 1939 hervor. Die Pflanze mit hellgrünem Laub entwickelt sich zu einer mittelgroßen Staude mit aufrechtem Wuchs. Die pokalförmigen Blüten bestehen aus großen, einwärts gebogenen und runden Blütenblättern, die an der Basis weniger farbpigmentiert sind. Der blassrosa Farbton der Narben löst sich im Hellgrün der Fruchtblätter auf. Die Staubblätter sind gelb.

ANMERKUNG

Diese außergewöhnliche Pfingstrose verdient einen Vorzugsplatz im Vordergrund einer Blumenrabatte.

MEMO

BLÜTE: einfach
DURCHMESSER: 14 cm
DUFT: fehlt

BLÜTEZEIT: erste Maihälfte
HÖHE: 70 bis 80 cm

SCARLET O'HARA

BESCHREIBUNG

Die schöne Amerikanerin von 1950 (Falk und Glasscock, Illinois) vereinigt in sich, vom fehlenden Duft einmal abgesehen, alle verführerischen Eigenschaften einer faszinierenden Päonie. Das lackartig glänzende Scharlachrot der großen, einfachen, in der Sonne weit geöffneten Blüten ist ein wahrer Blickfang. Im Laufe der Blütezeit setzt sich ein weicherer Rosaton durch. Die gelben Staubblätter umringen die dicken, lebhaft rosafarbenen Narben. Die kräftige Staudenpäonie mit ihren relativ großen Blattfiedern ist auch nach der Blüte eine durchaus gefällige Erscheinung.

ANMERKUNG

Mit ihren langen Stängeln lässt sich diese Sorte ideal für prachtvolle Blumensträuße verwenden.

MEMO

BLÜTE: einfach
DURCHMESSER: 15 cm
DUFT: fehlt
BLÜTEZEIT: Mitte Mai
HÖHE: 120 bis 130 cm

SANCTUS

BESCHREIBUNG

Diese amerikanische Hybride von Saunders – 1955 entstanden aus der dritten Generation zwischen *P. lactiflora* und *P. officinalis* – ist eine Staudenpäonie mit breitbuschigem Wuchs. Sie besitzt ein ziemlich kräftiges, aufragendes, hellgrünes Blattwerk, das in harmonischem Kontrast zur Blüte steht. Die Blattfiedern sind mittelgroß und etwas länglich. Die eiförmigen Blütenknospen werden von kräftigen Stängeln getragen. Sie öffnen sich sehr schnell in der Sonne und über dem Laub zu einer einfachen Blüte, die eine wohlgestaltete, gen Himmel gerichtete Schale bildet. Die rundlichen, geschmeidigen Blütenblätter sind cremeweiß gefärbt mit einem Hauch von Rosa.

ANMERKUNG

Die Blüte kann sich sehr frühzeitig öffnen, um mit zahlreichen Frühlingsblühern zu wetteifern.

MEMO

BLÜTE: einfach
DURCHMESSER: 17 cm
DUFT: fehlt
BLÜTEZEIT: Ende April bis Anfang Mai
HÖHE: 70 cm

PAGEANT

BESCHREIBUNG

Kräftig und aufrecht öffnen sich hier die Blüten ein gutes Stück über dem lockeren, reingrünen Laub. Es handelt sich um eine großartige Staudenpfingstrose, deren Vitalität und Statur den derzeitigen gärtnerischen Qualitätsanforderungen entsprechen. Stellen Sie sich das reizvolle Bild vor, wie sie ihre Blüte Ende April zwischen eleganten grünen Horsten von Ziergräsern öffnet! Ihre rosa gefärbten, leicht mauve überhauchten, rundlichen Blütenblätter formen eine breite, aber feste Schale. Große hellgelbe Staubblätter umkränzen blässlich hellgrüne Fruchtblätter mit purpurnen Narben. ›Pageant‹, eine 1949 entstandene Hybride, besitzt Gene von drei Pfingstrosen: *P. officinalis* ›Rosea Plena‹, *P. lactiflora* und *P. macrophylla*.

ANMERKUNG

Sehr reichblühend und dicht belaubt, ist ›Pageant‹ zweifellos eine bemerkenswert moderne Staudenpäonie.

MEMO

BLÜTE: einfach
DURCHMESSER: 18 cm
DUFT: fehlt
BLÜTEZEIT: Anfang Mai
HÖHE: 90 cm

MOONRISE

BESCHREIBUNG

Staudenliebhaber sehen zuweilen eine besorgniserregende Ähnlichkeit zwischen den Blüten von ›Moonrise‹ und dem kapriziösen Baummohn *Romneya coulteri*. Wenn die cremig weißen, rundlichen und geknitterten Blütenblätter im geringsten Windhauch zu flattern beginnen, wirkt die Blüte tatsächlich sehr fragil. Doch der Schein trügt, denn sie wird von einem hohen Stängel stabil und aufrecht getragen. Das große, runde Herz besteht aus zahlreichen langfädigen Staubblättern. Weiße Fruchtblätter, Narben und Staubfäden steigern den Eindruck von Makellosigkeit dieser amerikanischen, sehr reich blühenden Hybride, die Saunders 1949 registrieren ließ.

ANMERKUNG

Mit ihren elfenbeinfarben getönten Blütenblättern und mit dem leuchtend hellen Herz ist ›Moonrise‹ der Archetyp der einfach blühenden Staudenpfingstrose schlechthin.

MEMO

BLÜTE: einfach
DURCHMESSER: 17 cm
DUFT: fehlt
BLÜTEZEIT: erste Maihälfte
HÖHE: 90 bis 100 cm

MAGNOLIA FLOWER

BESCHREIBUNG

Wie schon der Name sagt, ähnelt die einfache Becherform sowie der nuancierte Farbton ihrer Blüte der Magnolienblüte. Die Hybride mit ansprechender Erscheinung ist das Produkt einer Einkreuzung zwischen *P. lactiflora* und *P. wittmanniana* des amerikanischen Züchters Saunders aus dem Jahre 1949. Die Blüten öffnen sich über dem Laub. Die abgerundeten und einwärts gebogenen Blütenblätter sind cremefarben und rosa gestreift, überhaucht von einem transparenten Gelbton. Zur Blütenmitte verdichten sich die Farben – was den kugelförmigen Strauß aus Staubblättern samt purpurfarbener Narbe sehr vorteilhaft zur Geltung bringt.

ANMERKUNG

Diese Pfingstrose zeichnet sich insbesondere durch ihre großen, hellgrünen Blattfiedern und ihre rötlich markierten Stängel aus.

MEMO

BLÜTE: einfach
DURCHMESSER: 19 cm
DUFT: fehlt
BLÜTEZEIT: Anfang Mai
HÖHE: 80 cm

ILLINI BELLE

BESCHREIBUNG

Der Züchter Glasscock schuf diese Schönheit durch eine Einkreuzung von *P. lactiflora* mit *P. officinalis*. 1941 ließ er die Staudenpfingstrosenhybride registrieren. Die Blüten präsentieren sich in einem dunklen Bordeauxrot, das durch ein Herz aus goldgelben Antheren aufgehellt wird. Mit ihren festen, straff aufrechten Stängeln, bei einer stattlichen Höhe von 75 Zentimetern und glänzend dunkelgrünem Laub, bietet sie auch außerhalb der Blühsaison ein faszinierendes Bild. Für diese Pfingstrose ist in der Regel eine Stützhilfe überflüssig. Zögern Sie nicht, einige Stängel für Sträuße zu ernten. Natürlich müssen Sie drei oder vier Jahre abwarten – solange, bis die Päonie eine ausreichende Anzahl von Blütenknospen zeigt und reichlich Laub gebildet hat.

ANMERKUNG

›Illini Belle‹ zählt zu den ausgesprochen reichblühenden Sorten: Die Knospenzahl auf einer Pflanze ist ein sehr wichtiges Qualitätsmerkmal.

MEMO

BLÜTE: halbgefüllt
DURCHMESSER: 15 bis 16 cm
DUFT: fehlt
BLÜTEZEIT: erste Maihälfte
HÖHE: 75 cm

REWARD

BESCHREIBUNG

Die relative Kleinwüchsigkeit dieser Staudenpäonie tut ihrer opulenten Erscheinung mit mittelgroßen, etwas nach oben geklappten, länglichen Blattfiedern keinen Abbruch. Anfang Mai öffnen sich kleine, zarte Blüten aufrecht über dem Laub. Die rundlichen Blütenblätter zeigen ein dunkles Karminrot, das fast bis ins Kastanienbraun hineinreicht. Diese Hybride von Saunders aus dem Jahre 1941 ist eine der frühesten in der Gruppe der einfach blühenden Staudenpäonien. In ihrem Zentrum leuchtet ein Strauß goldgelber Staubblätter. Die Narben wiederholen die Farben der Blütenblätter.

ANMERKUNG

Bieten Sie ihr die Gesellschaft von weiß blühenden, duftenden Nachtviolen *Hesperis matronalis* ›Alba‹ an.

MEMO

BLÜTE: einfach
DURCHMESSER: 11 cm
DUFT: fehlt
BLÜTEZEIT: erste Maihälfte
HÖHE: 70 bis 75 cm

JOHN HARVARD

BESCHREIBUNG

Wie soll man nicht schwach werden vor diesem Blütenzauber mit dunklen, satten Farben, die glänzen wie kostbare Satinseide? Restlos überzeugend wirkt schließlich das mittelgroße, gut verteilte, zuweilen etwas dichte und kräftig grüne Laub. Diese Hybride ist das Produkt aus der Einkreuzung zwischen *P. lactiflora* und *P. officinalis* durch den amerikanischen Züchter Edward Auten, der sie 1939 registrieren ließ. Wenn sich die halbgefüllte Blüte zu einem Becher öffnet, schimmert ein Hauch Kastanien- bis Schokoladenbraun über dem Dunkelrot – nur von Duft kann nicht die Rede sein. Die rosafarbenen Staubfäden und Narben erzeugen einen lebhaften Gesamteindruck der Blüte, der noch eine Steigerung erfährt, sobald sich die goldgelben Antheren präsentieren.

ANMERKUNG

Im Verlauf ihrer Entwicklung wird die burgunderrote Blüte immer leuchtender, wobei sie ihre dunkle Basis beibehält.

MEMO

BLÜTE: halbgefüllt
DURCHMESSER: 15 bis 16 cm
DUFT: fehlt
BLÜTEZEIT: erste Maihälfte
HÖHE: 80 cm

STAUDENPÄONIEN

»JAPANISCHE«

UND EINFACHE LACTIFLORA

Japanische *Lactiflora* ›Jeanne Cayeux‹

DO TELL

BESCHREIBUNG

Eine Wiederholung des Blumenwunders, wie es diese Päonie hervorzaubert, wird man wohl kaum ein zweites Mal im Jahr erwarten dürfen. Das lockere, dunkelgrüne Laub und die purpurrot gezeichneten, schmalen Stängel dieser amerikanischen Sorte von Edward Auten (registriert 1946) tragen maßgeblich zum guten Gesamteindruck der Staude bei. Die Staudenpäonie vom japanischen Typ besitzt eine doppelreihige Krone aus weißen Blütenblättern, übersprüht mit einem zarten rosa Farbton, der zur Blütenmitte eine pfirsichfarbene Tönung zeigt. Am Ende der Blütezeit verblasst die Farbe, nur um das strahlende, intensiv rosafarbene Herz aus kleinen, schmalen, bandartigen Gebilden umso deutlicher hervortreten zu lassen.

ANMERKUNG

Selbst am Ende der Blütezeit beweist diese Päonie noch immer ihren großen Charme; ihre Farben zeigen auch weiterhin ein schönes sahniges Rosa, gemischt mit zarten Fliederfarben.

MEMO

BLÜTE: japanischer Typ/ Anemonenform
DURCHMESSER: 17 cm
DUFT: fehlt

BLÜTEZEIT: Mitte Mai
HÖHE: 80 bis 90 cm

L'ÉTINCELANTE

BESCHREIBUNG

Der Name (franz. étincelante = funkelnd) beschreibt die lebhaft strahlenden, rosakarminrot gefärbten Blüten dieser Staudenpäonie sehr treffend. Die Farbe sowohl der Ober- als auch der Unterseite der Blütenblätter wird in der Nähe der Blütenperipherie immer heller. Das kleine Herz besteht aus kurzen Staubblättern, deren pollenreiche Antheren goldenes Licht in die Blüte tragen. Jeder Stängel ist schlank, aber stark genug, um Blüten wie aus Seidenpapier zu tragen, die sich ein gutes Stück über dem Laub öffnen. Diese Pfingstrose mit rundlichem Wuchs zeigt häufig reingrünes Laub mit purpurn getönten Blattrippen und Stielen.

ANMERKUNG

Eine sehr reichblühende *Lactiflora*-Sorte des französischen Züchters Dessert (registriert 1905), die nicht sofort bei der ersten Hitzewelle welkt.

MEMO

BLÜTE: einfach
DURCHMESSER: 17 cm
DUFT: fehlt
BLÜTEZEIT: Mitte Mai
HÖHE: 80 cm

WESTERNER

BESCHREIBUNG

Die schöne amerikanische Staudenpäonie mit großen Blüten ist eine erfolgreiche Sorte von Myron D. Bigger, die dieser 1942 registrieren ließ. Die hohe und ziemlich kräftige Pflanze ist in einem Staudenbeet vor allem während ihrer Blüte ein Blickfang. Ihre schalenförmigen Blüten vom japanischen Typ sitzen stabil auf einem schlanken und dennoch zähen, purpurnen Stängel. Das voluminöse Herz aus großen, bandartigen, goldgelben Staminodien und purpurroten Narben ist umgeben von breiten Blütenblättern mit gewellten Rändern, die ein fruchtiges Rosa von mittlerer Intensität zeigen, das zu den Rändern hin aufhellt.

ANMERKUNG

Die fehlende Nachblüte hat leider eine recht kurze Blühsaison zur Folge.

MEMO

BLÜTE: japanischer Typ
DURCHMESSER: 17 cm
DUFT: fehlt
BLÜTEZEIT: Mitte Mai
HÖHE: 90 bis 100 cm

AMA-NO-SODE

BESCHREIBUNG

Die Blüte dieses *Lactiflora*-Cultivars formen große, gerundete und leicht einwärts gebogene Blütenblätter zu einer Schale, in der ein breiter, rundlicher Strauß aus gelben Staminodien mit gelegentlichen Übergängen zu sehr schmalen und kleinen Petaloiden (sterile Metamorphosen der Staubblätter) sitzt, der mit der Zeit gelblich lachsfarben ausbleicht. Die nicht duftende Blüte zeigt ein sehr zartes, weißlich überhauchtes Rosa, das während der Blüte nochmals deutlich aufhellt. ›Ama-No-Sode‹ ist insgesamt eine kräftige und dankbar blühende Staudenpäonie mit lockerem, glänzend dunkelgrünem Laub von fester Substanz.

ANMERKUNG

Die Pfingstrose hat enorm große Blüten mit einem Durchmesser von bis zu 22 Zentimetern und übertrifft damit viele Strauchpfingstrosen.

MEMO

BLÜTE: japanischer Typ
DURCHMESSER: 16 bis 22 cm
DUFT: fehlt
BLÜTEZEIT: Mitte Mai
HÖHE: 80 cm

CARRARA

BESCHREIBUNG

Die großen, reinweißen Blüten der ›Carrara‹ gehören zum Prachtvollsten, das Staudenpäonien vom japanischen Typ zu bieten haben. Sie ist eine unvergleichliche, allzeit bewunderte Schönheit – vor allem, wenn sie in der Vase steht. Die reichblühende Sorte ist ein Meisterwerk von Myron D. Bigger (registriert 1952) und gibt mit ihrem dichten Laub und purpurroten bis grünlichen Blattstielen stets eine gute Figur ab. Die Krone aus reinweißen Blütenblättern öffnet sich verhalten, um ihr wahrhaft großes Herz zu enthüllen. Zuerst gelb, bleichen die Staminodien trotz einiger Spuren von gelbem Pollenmehl allmählich aus. Gelegentlich schieben sich auch schmale, weiße Petaloide aus dem Zentrum.

ANMERKUNG

Wenn Sie eine ähnliche Sorte suchen, empfehlen wir ›Isami Jishi‹ (jap. »Lächelnder Löwe«), die allerdings ein kleineres Herz besitzt.

MEMO

BLÜTE: japanischer Typ
DURCHMESSER: 16 bis 18 cm
DUFT: fehlt

BLÜTEZEIT: Mitte Mai
HÖHE: 90 bis 100 cm

COLETTE THURILLET

BESCHREIBUNG

Als Cultivar mit Ähnlichkeit zur ›Neon‹ (siehe Seite 150) zeichnet sich diese französische Strauchpfingstrose von Michel Rivière (registriert 1988) durch ihre gedämpftere Färbung aus. Die imposante, aufrecht wachsende Pflanze sorgt für eine perfekte Stabilität der Blüten, die einen feinen aromatischen Duft verbreiten. Die ausladende Krone aus Blütenblättern umgibt ein Herz aus sterilen Staubblättern (Staminodien) und gelegentlich Petaloiden nach Art des japanischen Typs. Nach dem Öffnen winden sich die Staminodien wie die Blütenblätter der großblumigen, gefüllten Gartenchrysantheme. Mit der Zeit wirkt die Blüte zerzauster. Die gebogenen Blütenblätter sind etwas geknittert, am Rand zuweilen gefranst.

ANMERKUNG

Die fuchsienrote, kaum purpurn überhauchte Blütenkrone hellt am Ende der Blütezeit auf.

MEMO

BLÜTE: japanischer Typ
DURCHMESSER: 16 cm
DUFT: leicht und angenehm

BLÜTEZEIT: Mitte Mai
HÖHE: 90 cm

KRINKLED WHITE

BESCHREIBUNG

Leicht und luftig wirken die großen Blüten dieser kräftigen *Lactiflora*-Sorte des Züchters Brand aus Minnesota, die dieser 1928 registrieren ließ. Im Englischen bedeutet »to crinkle« knittern, was die etwas zerknautscht gerüschten Blütenblätter treffend charakterisiert, die sich deutlich über dem Laub erheben. Auch nach der Hauptblüte sollte auf Knospen geachtet werden, denn sie kündigen eine Nachblüte an; das heißt, diese Sorte kann remontieren. Nach dem Öffnen sind die Blütenblätter hellrosa, sie hellen jedoch rasch weiter auf. Gewellt und manchmal am Rand gezähnt, spielen die Blüten charmant mit dem Sonnenlicht und bewegen sich beim leichtesten Windhauch.

ANMERKUNG

Man muss seine Nase fast schon in dem goldgelben Strauß aus Staubblättern vergraben, um einen vagen Duft wahrzunehmen.

MEMO

BLÜTE: einfach
DURCHMESSER: 16 bis 17 cm
DUFT: sehr leicht

BLÜTEZEIT: Mitte Mai
HÖHE: 90 bis 100 cm

LA FIANCÉE

BESCHREIBUNG

Der französische Züchter Dessert hätte seine Kreation im Jahre 1902 ebenso gut »Vive la mariée« = »Es lebe die Braut« taufen können, so sehr symbolisiert die Blüte Reinheit und Grazie. Das mattdunkelgrüne Laub bildet die perfekte, kontrastreiche Kulisse für die dicken cremeweißen Knospen. Die einfachen, reinweißen Blüten öffnen sich einzeln oder in kleinen, zu doldenähnlichen Trauben zusammengefassten Blütengruppen. Die Blüten sind ein wenig geneigt und bestehen aus schwach einwärts gebogenen Blütenblättern, die zusammen eine Schale bilden. Die Fruchtblätter im Mittelpunkt setzen sich klar von den langen, dottergelben Staubblättern ab. Damit das Blütenbild schattenlos bleibt, sind auch die Narben weiß.

ANMERKUNG

Eine sehr gute Sorte, bekannt für ihre ausfächernde und geschmeidige Erscheinung. Mit ihren runden, schwach gewellten Blütenblättern, die eine einfache weiße Schale bilden, ähnelt diese Sorte ›Krinkled White‹ (siehe Seite 142).

MEMO

BLÜTE: einfach
DURCHMESSER: 14 cm
DUFT: leicht

BLÜTEZEIT: Mitte Mai
HÖHE: 75 bis 80 cm

JEANNE CAYEUX

BESCHREIBUNG

Diese französische *Lactiflora*-Sorte entstand vor 1937. Die Blüten ähneln in Form und Farbgebung denen der Herbstanemone beziehungsweise der Japanischen Anemone *Anemone hupehensis*. Die Originalität ihrer einfachen Blüten ist beliebt. Die blassrosa Petalen sind in ihrer Mitte durch einen dunkleren, intensiv rosa gefärbten Streifen gekennzeichnet. Dieser strahlt von der Basis aus, verblasst recht kurz vor dem Rand und verläuft schließlich im allgemeinen hellrosa Farbton. Mit fortschreitender Blühdauer verstärkt sich die farbliche Intensität des dunkleren Mittelstreifens. Die gelben Staubblätter lösen sich vom Zentrum, richten sich auf und stehen fest in regelmäßiger Anordnung.

ANMERKUNG

Die zweifarbigen Blütenblätter sind für Staudenpäonien ungewöhnlich.

MEMO

BLÜTE: einfach
DURCHMESSER: 15 cm
DUFT: fehlt
BLÜTEZEIT: erste Maihälfte
HÖHE: 85 cm

KICKAPOO

BESCHREIBUNG

Die Blüte hat Ähnlichkeit mit der granatrot blühenden ›Madame Antoine Rivière‹ (siehe Seite 146). ›Kickapoo‹ ist allerdings eine *Lactiflora*-Sorte aus den USA (von Auten, 1931), leuchtender gefärbt und besitzt ein stabileres und vor allem ein straffer aufrechtes Pflanzenkleid. Das dunkelgrüne Laub ist gekennzeichnet von purpurfarbenen Streifen auf der Oberseite des Blattstiels. Die Pflanze remontiert nur selten, das heißt, auf eine Nachblüte kann man in der Regel nicht hoffen. Die granatroten, festen Blütenblätter bilden eine schöne Kulisse für die Staubblätter, die die Blütenszene feierlich in goldenes Licht tauchen. Im Vergleich zur *Lactiflora*-Sorte ›Karatsu‹ des Züchters Millet zeigt sich die Farbe von ›Kickapoo‹ homogener und leuchtender.

ANMERKUNG

Diese Staudenpäonie gehört zu den eher spätblühenden Sorten, denn die Blüten öffnen sich erst nach Mitte Mai.

MEMO

BLÜTE: einfach
DURCHMESSER: 14 bis 15 cm
DUFT: angenehm

BLÜTEZEIT: zweite Maihälfte
HÖHE: 80 bis 90 cm

MME (MADAME) ANTOINE RIVIÈRE

BESCHREIBUNG

Ihre außergewöhnliche Vitalität und ihr großzügiger Blütenansatz haben zum guten Ruf dieser *Lactiflora*-Sorte von Antoine Rivière von 1935 beigetragen. Sie entfaltet sehr große, einfache Blüten, geprägt von breiten und ausladenden Petalen. Ihre dunkle, granatrote Farbe und die samtartige Beschaffenheit der Blütenblätter ziehen den Blick an. Der farbliche und gestaltliche Gegensatz zwischen den Blütenblättern und einem Herzen aus goldgelben, dicht stehenden Staubblättern könnte kaum größer sein, ergänzt sich jedoch auf anmutige Art und Weise. Diese Päonie besitzt eine gewisse Ähnlichkeit mit ›Kickapoo‹ (siehe Seite 145, wo die wichtigsten Unterschiede zwischen beiden Sorten skizziert sind).

ANMERKUNG

Die geschmeidige Staudenpäonie mit ziemlich lockerem, kräftig grünem Laub dankt mit einer reichlichen Nachblüte, das heißt, sie remontiert im Vergleich zu anderen Pfingstrosen recht gut.

MEMO

BLÜTE: einfach
DURCHMESSER: 16 cm
DUFT: fehlt
BLÜTEZEIT: Mitte Mai
HÖHE: 80 cm

NIPPON BRILLANT

BESCHREIBUNG

Mit seinen großen, deutlich über dem Laub stehenden, aufrechten Blüten zählt dieser Cultivar zu den besten roten Pfingstrosen vom japanischen Typ. Die *Lactiflora*-Sorte ist eine Kreation des Amerikaners Auten von 1933. Der Wipfel der festen, purpurn getönten Stiele ragt deutlich aus dunkelgrünem Laub heraus, wo sich die Blüte ungestört entwickeln und präsentieren kann. Diese zeigt leicht abgerundete und einwärts gebogene, dunkelkarminrote Blütenblätter. Eine dicke Quaste aus gelben Staminodien leuchtet deutlich intensiver gelb als bei der ähnlichen Sorte ›Nippon Beauty‹ (ebenfalls von Auten, 1927) mit rötlichen, gelb geränderten Petaloiden.

ANMERKUNG

Die seltene Nachblüte sorgt für freudige Überraschung.

MEMO

BLÜTE: japanischer Typ
DURCHMESSER: 14 cm
DUFT: fehlt

BLÜTEZEIT: Mitte Mai
HÖHE: 100 bis 110 cm

SEASHELL

BESCHREIBUNG

Der Name dieser Sorte mit den riesigen Blüten ist gut gewählt – illustriert er doch das nuancenreiche Farbenspiel in Perlrosa sehr anschaulich, das an den facettenreichen Perlmuttschimmer einer Muschel erinnert. Der seidige Farbton hellt auf, ohne jemals wirklich auszubleichen. Die lebhaft rosafarbenen Narben umkränzen sich mit zahllosen leuchtend gelben Staubblättern. Die langen Stängel sind bemerkenswert kräftig. Die lanzettlichen, dunkelgrünen Blattfiedern tragen zum lockeren und ausladenden Erscheinungsbild der Staudenpfingstrose bei. Diese einfachblühende *Lactiflora*-Sorte vom japanischen Typ stammt von dem Züchter Sass (registriert 1937) und erhielt 1990 die Goldmedaille der American Peony Society.

ANMERKUNG

Diese Sorte sorgt für eine reichliche Nachblüte, die sich allerdings nicht so stattlich entwickelt wie jene zur Hauptsaison.

MEMO

BLÜTE: einfach
DURCHMESSER: 18 bis 20 cm
DUFT: leicht nach Vanille
BLÜTEZEIT: Mitte Mai
HÖHE: 90 bis 110 cm

WHITE CAP

BESCHREIBUNG

Diese japanische Form einer Staudenpfingstrose (Winchell, 1956) verströmt Duft und blüht in kühnen, bezaubernden Farbkombinationen. Die schalenförmigen Blütenblätter in kraftvollen fuchsienrosa bis dunkelroten Farbtönen halten in ihrer Mitte eine elegante, voluminöse Quaste aus cremeweißen Petaloiden, die vor allem im Basisbereich mit einem dichten purpurfarbenen Adernetz durchzogen sind und den Eindruck erwecken, als glühe die Blüte von innen heraus. Die kräftige Pflanze, die in der Regel keine Stützhilfe benötigt, produziert zahlreiche steil aufragende Seitentriebe mit reichlichem Blütenansatz. Das dichte, lockere Laub wird von purpurn getönten und gestreiften Blattstielen gehalten.

ANMERKUNG

Zweifellos gehört ›White Cap‹ zu den japanischen Päonien mit den aufregendsten und kontrastreichsten Blüten.

MEMO

BLÜTE: Anemonenform
DURCHMESSER: 17 cm
DUFT: ausgeprägt
BLÜTEZEIT: Mitte Mai
HÖHE: 90 bis 110 cm

FUYAJO

BESCHREIBUNG

Beeindruckend ist diese *Lactiflora*-Sorte vom japanischen Typ durch ihren stattlichen Wuchs und ihre aufgerichteten Blüten, die sich über dem Laub erheben. Wie die Blattstiele sind die am Rand gewellten Blattfiedern von Purpurtönen überprägt. Die Blütenkrone aus großen, elegant nach innen gebogenen, satinierten Blütenblättern zeigt eine satte karminrote Färbung mit einem schwachen, dunkleren mahagonibraunen Timbre. Die langen blumenblattartigen Petaloiden im Zentrum schmücken sich im selben Farbton, belebt durch weißliche und gelblich braune Flammen.

ANMERKUNG

Wenn Sie eine ähnliche, rotblühende, aber weniger sperrige Sorte wünschen, sollten Sie an ›Madame Henry Fuchs‹ von Antoine Rivière, 1955, denken.

MEMO

BLÜTE: japanischer Typ
DURCHMESSER: 13 bis 14 cm
DUFT: fehlt
BLÜTEZEIT: Mitte Mai
HÖHE: 100 cm

GAY PAREE

BESCHREIBUNG

Diese adrette Staudenpfingstrose von Auten (1933) mit ihren raschelnden Blütenherzen ist die ideale Wahl, möchte man einen heiteren Akzent in einem Staudenbeet setzen. Ihr aufrechter Wuchs, ihre ansprechende Erscheinung und ihr festes, locker verzweigtes und hellgrünes Laub strahlen Vitalität aus. Eine oder zwei Reihen an der Basis aufgehellter, himbeerrosa gefärbter Blütenblätter umgeben einen runden, auffälligen Schopf aus zahllosen Petaloiden, der einen wunderbaren Kontrast zu den dunkleren Blütenblättern erzeugt. Diese Petaloiden zeigen ein nuancenreiches, sehr interessantes Farbenspiel: Kurz nach dem Öffnen der Blüte sind sie deutlich rosa, gehen dann in zarte Lachstönungen und Gelb über, um in Cremeweiß und schließlich in reines Weiß umzuschlagen.

ANMERKUNG

Die Blüte vom japanischen Typ hält sich gut und aufrecht sowohl im Freien wie in der Vase. Eine ganz außergewöhnliche Päonie für Ihre Sammlung.

MEMO

BLÜTE: Anemonenform
DURCHMESSER: 15 cm
DUFT: fehlt
BLÜTEZEIT: Mitte Mai
HÖHE: 80 bis 90 cm

NEON

BESCHREIBUNG

Bekannt für ihre reiche Blüte, entwickelt diese Pfingstrose (Nicholls, 1941) vom japanischen Typ ein kräftig grünes Laub. Mitte Mai öffnen sich über stabilen, hohen Stängeln Blüten mit großen Blütenblättern (Petalen) die meist wohlgeformte Schalen bilden. Dabei erscheinen auf einigen Blüten die Petalen leicht anmutig gewellt. Die leuchtend rosa Farbe vermählt sich wunderbar mit dem chrysanthemenähnlichen, voluminösen Ball aus Staminodien im selben rosa Farbton, hübsch akzentuiert durch einen feinen, altgold getönten Rand.

ANMERKUNG

Gruppenweise bis kleinflächig in ein Staudenbeet gepflanzt oder in eine niedrige Einfassung aus Buchsbaum gesetzt, kommt diese Sorte außerordentlich kraftvoll zur Wirkung.

MEMO

BLÜTE: japanischer Typ
DURCHMESSER: 16 cm
DUFT: fehlt
BLÜTEZEIT: Mitte Mai
HÖHE: 90 bis 100 cm

RIGOLOTTE

BESCHREIBUNG

Diese Staudenpfingstrose ist einmalig in ihrer Art. Sie wurde von den französischen Züchtern Doriat kreiert und 1931 registriert. Sie besticht durch ihr charmant zerzaustes Äußeres. Ihre feinen roten und gelben Staminodien sind naturgelockt, was den üppigen Eindruck des Herzens verstärkt. Die Blütenblätter sind dunkelkarminrot gefärbt. Achten Sie besonders auf deren strahlende Reflexe, die bei voller Entfaltung der Blüte erst richtig zur Geltung kommen. Das Laub ist locker, geprägt von einer purpurroten Äderung, die paspeliert wirkt. Diese auffällige *Lactiflora*-Sorte zeigt auch sonst ein gutes Verhalten und blüht ein zweites Mal im Jahr. Wie bei vielen Päoniensorten so wird auch ihr Name zuweilen anders geschrieben: Rigoloto, Rigolote, Rigolete …

ANMERKUNG

Die Blüten verbreiten einen leichten Duft nach Schokoladenpralinés.

MEMO

BLÜTE: japanischer Typ
DURCHMESSER: 15 cm
DUFT: leicht
BLÜTEZEIT: Mitte Mai
HÖHE: 90 cm

Staudenpäonien – »Japanische« und einfache Lactiflora

STAUDENPÄONIEN

GEFÜLLTE LACTIFLORA

Gefüllte *Lactiflora*-Sorte ›Moonstone‹

MADAME BENOÎT RIVIÈRE

BESCHREIBUNG

Diese Staudenpfingstrose hat eine wahre Symphonie an Rosatönen zu bieten! Ihre zartrosa Blüte in Form einer Schale ist gut gefüllt; die äußeren, breiten und gerundeten Blütenblätter unterscheiden sich von den blütenblattähnlichen, schmaleren und an der Basis intensiver gefärbten Petaloiden im Zentrum. Die altehrwürdige, 1911 registrierte, gefüllte *Lactiflora*-Sorte ist eine Selektion des französischen Züchters Benoît Rivière. Die Pflanze hält sich trotz des Gewichts der Blüten und des Laubes sehr gut und stabil. Ihre stattliche Erscheinung und ihr kräftiges, dunkelgrünes Blattwerk bilden einen wirkungsvollen Hintergrund für die nicht sehr zahlreich erscheinenden Blüten.

ANMERKUNG

Eine Pfingstrose mit sanften, baldrianrosa Farbtönen.

MEMO

BLÜTE: gefüllt
DURCHMESSER: 15 bis 18 cm
DUFT: angenehm

BLÜTEZEIT: vom 15. bis 25. Mai
HÖHE: 75 cm

MADAME DE VERNEVILLE

BESCHREIBUNG

Hier zeigen wir eine weitere nationale Päonienikone der Franzosen. Diese prachtvolle *Lactiflora*-Sorte hat seit ihrer Entstehung im Jahre 1885 durch den französischen Züchter Crousse alle Modetrends souverän überdauert. Die vitale Pflanze entwickelt üppiges Laub und bewältigt Mitte Mai ihr spektakuläres Blütentheater mit reichlichem Blütenansatz auch ohne Stützhilfe. Die purpurnen Blütenknospen entfalten sich zu einer großen Kugel aus kleinen, gedrängten Blütenblättern (Petaloiden). Einige karminrote Flecken und cremeweiße Spiegelungen beleben die reinweiße Grundfärbung. Die großen Kronblätter bilden eine Schale, die von der Last der gewaltigen Blütenkugel erdrückt zu werden scheint.

ANMERKUNG

Eine der ältesten europäischen *Lactiflora*-Sorten.

MEMO

BLÜTE: kronenförmig
DURCHMESSER: 15 bis 18 cm
DUFT: sehr angenehm
BLÜTEZEIT: Mitte Mai
HÖHE: 90 bis 100 cm

PRESIDENT WILSON

BESCHREIBUNG

Diese charmante, gefüllte *Lactiflora*-Sorte ist eine Kreation des amerikanischen Züchters Thurlow aus dem Jahre 1918 mit lockerem Laub und dunkelgrünen, eher länglichen Blattfiedern. Die grünen und purpurroten Stängel tragen die Blüten gut. Durch eine eher mäßig ausfallende Nachblüte verlängert sich die ohnehin späte Blühsaison noch einmal bis spät in die zweite Maihälfte, zuweilen sogar bis in den Juni hinein. Die blassrosa Petalen formen eine Schale, deren Farbton sich allmählich so weit aufhellt, dass er fast bis zu einem reinen Weiß ausbleicht. Man erkennt diese wundervolle Sorte auch an ihrem beinahe betäubenden Duft und der ausgewogenen Wuchsform.

ANMERKUNG

Die Blüten halten sich aufrecht, und ihr zart malvenfarben überhauchter Farbton wirkt in der Vase ausgesprochen dekorativ.

MEMO

BLÜTE: gefüllt
DURCHMESSER: 14 bis 15 cm
DUFT: sehr angenehm
BLÜTEZEIT: zweite Maihälfte
HÖHE: 80 bis 90 cm

LE CYGNE

BESCHREIBUNG

Diese nuancenreiche, gefüllte *Lactiflora*-Sorte mit zunächst elfenbeinweißen, später reinweißen Petalen ist ein absoluter Blickfang in einem Garten und die Kreation des genialen französischen Züchters Lemoine, der sie 1907 registrieren ließ. Die großen, kugelförmigen Blüten sind ein Glücksfall für Liebhaber »Weißer Beete«. Darüber hinaus erlaubt die späte Blütesaison der Sorte – im Mai – zahlreiche Kombinationen, insbesondere mit Stauden wie Tränendes Herz, Fingerhut und/oder Akelei. Mit ihrem kräftig- bis dunkelgrünen, lockeren Laub wirkt die Staude anmutiger, als ihr wuchtiger Wuchs vermuten lässt. Eine der eindrucksvollsten Staudenpäonien!

ANMERKUNG

Dieser zuverlässigen Päonie verzeiht man die geneigten Stängel gern, die an der Last der häufig zahlreichen Blüten schwer zu tragen haben. In manchen Jahren bildet sie weniger perfekte Blütenformen aus.

MEMO

BLÜTE: gefüllt bis nahezu kugelförmig
DURCHMESSER: 15 bis 16 cm
DUFT: fehlt

BLÜTEZEIT: zweite Maihälfte
HÖHE: 90 bis 100 cm

CHIPPEWA

BESCHREIBUNG

Die roten Stängel dieser gefüllten *Lactiflora*-Sorte des Züchters Murawska aus den USA von 1943 lassen die Blüten ein gutes Stück über dem frischgrünen Laub schweben und verlocken förmlich dazu, prachtvolle Sträuße zu pflücken. Diese stabile Päonie blüht ab Mitte Mai. Ihre gefüllten Blüten zeigen sich in dunkelroter Farbe mit einer bemerkenswerten Brillanz und Reinheit, das heißt ohne den geringsten Anflug von braunen, violetten oder anderen Spiegelungen und Tönungen. Wenn die Blüten allmählich verblassen, werden sie von etlichen Staubblättern illuminiert, denen es gelingt, sich zwischen den Blütenblättern hindurchzuschieben.

ANMERKUNG

Eine spektakuläre Blütenpflanze, die sich für Blumeneinfassungen von Rasenflächen, Randstreifen, Rabatten und für den Blumen-Gemüse-Garten eignet. Zusätzlich besitzt sie einen besonders kräftigen Wuchs.

MEMO

BLÜTE: gefüllt
DURCHMESSER: 15 cm
DUFT: fehlt
BLÜTEZEIT: Mitte Mai
HÖHE: 90 bis 110 cm

VIVID ROSE

BESCHREIBUNG

Diese *Lactiflora*-Sorte hat nichts mit der Sorte ›Vivid‹ (einer Strauchpäonie aus der *Suffruticosa*-Gruppe mit kleinen, bordeauxroten Blüten, siehe Seite 72) zu tun. ›Vivid Rose‹ ist eine Selektion von Klehm (Wisconsin, USA) aus dem Jahre 1952 mit ausladendem, geschmeidigem Laub und zartrosa, an den Rändern aufhellenden, gewellten Blüten. Die elastischen Stängel können die gewichtigen Blüten oft nicht halten. Manche sehen dies positiv und wollen in diesem Zustand ein Blütenarrangement mit romantischer Note erkennen. Nicht versäumen sollte man die Gelegenheit, den angenehmen Duft der Blüte zu genießen. Die deutlich kleineren, mittigen Blütenblätter (Petaloiden) geben dem Herzen Tiefe und der Blüte ein anmutiges Relief.

ANMERKUNG

Wenn Sie eine Staude mit ausgewogenem Wuchsbild wünschen, sollten Sie den schwachen Stängeln eine Stützhilfe geben.

MEMO

BLÜTE: gefüllt
DURCHMESSER: 16 cm
DUFT: ausgeprägt
BLÜTEZEIT: zweite Maihälfte
HÖHE: 80 bis 90 cm

SOUVENIR DE LOUIS BIGOT

BESCHREIBUNG

Die zur Mitte hin aufhellende blassrosa Farbe mit silbernen Reflexen erinnert an die changierende Perlmuttoberfläche einer Muschel. Das helle Rosa ist sehr rein, ohne auch nur einen Hauch von Mauve oder anderen Farbtönen. Obwohl die Blüte gefüllt ist, entfalten sich ihre Blütenblätter sehr leicht und locker, was nebenbei den Eindruck verstärkt, dass diese Päonienblüte über dem fülligen, eleganten Laub aus Fiederblättern mittlerer Größe zu schweben scheint. Die *Lactiflora*-Sorte ist zweifellos ein weiterer Erfolg des französischen Züchters Dessert aus dem Jahre 1913. Pflanzen Sie diese Staudenpäonie spät und in gebührendem Abstand von benachbarten Gewächsen, damit sie sich ungestört entwickeln kann.

ANMERKUNG

Wenn man an einem sonnigen Nachmittag die Blüte vorsichtig zwischen die Hände nimmt, kann man durchaus einen zimtartigen Duft wahrnehmen.

MEMO

BLÜTE: gefüllt
DURCHMESSER: 14 bis 16 cm
DUFT: angenehm und mild
BLÜTEZEIT: zweite Maihälfte
HÖHE: 80 bis 90 cm

MADAME FURTADO

BESCHREIBUNG

Man muss sich schon bis Mitte Mai gedulden, um die kleinen Blüten dieser alten Pfingstrose bewundern zu können. Die *Lactiflora*-Sorte ist eine Selektion des französischen Gärtners Modeste Guérin aus dem Jahre 1856 mit zwar kleinen, dafür jedoch besonders ausgewogenen Blüten aus rundlichen, lebhaft pinkrosa gefärbten Kronblättern, die eine große Kugel aus länglichen, weißlich rosa gezipfelten Petaloiden tragen. Die sehr grazilen Stängel neigen sich mehr oder weniger, ermöglichen es uns aber auf diese Weise, den Blütenduft besser einzufangen. Das lockere, tiefgrüne Laub mit länglichen und spitz zulaufenden Fiederblättchen und Blattlappen wird von geröteten Blattstielen getragen.

ANMERKUNG

Eine Staudenpäonie mit breit ausladendem Wuchs, die den Luxus einer zweiten Nachblüte bietet und sich auch dadurch empfiehlt, dass sie ihr lebhaftes, nur ganz allmählich aufhellendes Pink lange beibehält.

MEMO

BLÜTE: Anemonenform
DURCHMESSER: 12 bis 13 cm
DUFT: angenehm

BLÜTEZEIT: zweite Maihälfte
HÖHE: 80 bis 90 cm

MADAME CLAUDE TAIN

BESCHREIBUNG

Diese französische *Lactiflora*-Sorte wurde durch den Züchter Doriat 1927 eingeführt. Die Pflanze zeichnet sich durch gefüllte, schneeweiße Blüten aus. Die äußeren, breiten und flachen Blütenblätter tragen ein kuppelförmiges Gebilde aus zahlreichen kleineren, reinweißen Blütenblättern (Petaloiden), die im Zentrum, tief aus dem Herzen heraus, geheimnisvoll schwach gelblich bis cremefarben schimmern. Trotz ihrer grazilen Erscheinung verkraftet diese Staudenpäonie reichlichen Blütenansatz. Mit ihrem eleganten, dunkelgrünen Laub aus länglichen Blattfiedern und grünen, teilweise purpurbräunlich gezeichneten Blattstielen ist diese Sorte eine willkommene Ergänzung im Blumenbeet.

ANMERKUNG

Die Triebe der Pflanze sind zwar zierlich, aber stabil genug, um das Gewicht der leicht geneigten Blüte zu tragen. Sie blüht außerordentlich zuverlässig und eignet sich hervorragend als Schnittblume für die Vase.

MEMO

BLÜTE: gefüllt
DURCHMESSER: 14 cm
DUFT: vorhanden
BLÜTEZEIT: zweite Maihälfte
HÖHE: 80 bis 90 cm

ENSIGN MORIARTY

BESCHREIBUNG

Diese *Lactiflora*-Sorte beeindruckt stets auch mit der Überfülle an kräftig grünem, lockerem Laub. Vor allem aber fasziniert ihre wenn auch späte, dafür aber umso reichlicher ausfallende Blüte, die hauptsächlich ihrer üppigen Nachblüte zu verdanken ist. Die Blüten von stattlicher Größe, die man treffend als gefüllt charakterisieren kann, bestehen aus romantisch chiffonierten Blütenblättern. Mit ihren unregelmäßig geschnittenen Petalen, die sich in leuchtenden mittelrosa, an den Rändern hellrosa Farbtönungen präsentieren, ist diese Staudenpäonie ein ausgesprochen reizvoller Anblick. Vom dunkleren Herzen ausgehend, erscheint die Blüte zum Rand hin immer heller.

ANMERKUNG

Eine spektakuläre Blühsaison ist dank einer reichlichen Nachblüte garantiert. Die gewichtigen Blüten werden durch sehr kräftig entwickelte Stängel perfekt aufrecht gehalten.

MEMO

BLÜTE: gefüllt
DURCHMESSER: 16 bis 18 cm
DUFT: fehlt
BLÜTEZEIT: zweite Maihälfte
HÖHE: 80 cm

PAUL M. WILD

BESCHREIBUNG

Diese gefüllte *Lactiflora*-Sorte stammt aus dem Jahre 1964 von Gilbert H. Wild and Son aus den USA. Sie blüht erfahrungsgemäß in den letzten Maitagen und am besten in Gesellschaft von weiß blühenden Rosensträuchern, die die außerordentlich schöne, seidenmatt schimmernde, tiefkarmin- bis rubinrote Farbe, die auch in der Sonne nicht verblasst, wunderbar zur Geltung bringen. Trotz der gedrängt stehenden Blütenblätter gelingt es einigen Staubblättern, sich hindurchzuzwängen und den dunklen Farbgrund mit gelben Punkten aufzuhellen und zu beleben. Diese robuste Staudenpäonie entwickelt dichtes, hellgrünes Laub mit leicht länglich geformten Blattfiedern und rötlich grün getönten Blattstielen.

ANMERKUNG

Die Stängel sind gerade so stabil, dass die Blüten nicht abknicken. Eine der roten Topsorten unter den Staudenpäonien!

MEMO

BLÜTE: gefüllt
DURCHMESSER: 14 cm
DUFT: fehlt
BLÜTEZEIT: Ende Mai
HÖHE: 90 bis 100 cm

MOONSTONE

BESCHREIBUNG

Die amerikanische *Lactiflora*-Sorte stammt von dem Züchter Murawska und kam 1943 erstmals in den Handel. Zwar fehlt es der Staude mit großem, dunkelgrünem Laub nicht an Vitalität, doch ihre Blüten sind so groß und schwer, dass die Stängel alle Mühe haben, sie stabil zu halten. Ein Nachteil, denn diese schönen, gefüllten Blüten zeigen ein fast ätherisch anmutendes, wunderbar zartes Rosa, das allmählich in cremefarbene Tönungen übergeht. Aus der Tiefe der Blütenmitte glaubt man einen opalisierenden Schimmer wahrzunehmen. Überdies ist die Blüte sehr ebenmäßig aufgebaut. Dunklere Spiegelungen an der Basis der Blütenblätter verstärken den fülligen Eindruck der Blüten.

ANMERKUNG

Diese Staudenpäonie ergibt einen prachtvollen Maiblumenstrauß. Im Freiland ist eine Stützhilfe ratsam.

MEMO

BLÜTE: gefüllt
DURCHMESSER: 17 bis 20 cm
DUFT: nicht wahrnehmbar bis leicht
BLÜTEZEIT: zweite Maihälfte
HÖHE: 90 bis 100 cm

PRINCESS MARGARET

BESCHREIBUNG

Mit ihren regelmäßig übereinanderliegenden Blütenblättern erstrahlt diese gefüllte *Lactiflora*-Sorte des amerikanischen Züchters Murawska (1960) in hellen Farben. Dabei handelt es sich um einen Rosa- oder Pinkton, der bei Päonien nur selten zu beobachten ist. Die Blüte erscheint eher spät, und man darf auf eine zweite, aber nicht sehr üppig ausfallende Blüte hoffen. Die Stängel erweisen sich als kräftig genug, um die leicht geneigten Blüten zu tragen. Die durchschnittlich große Staudenpäonie präsentiert kräftig grünes Laub, das perfekt auf die gesamte Erscheinung sowie die Blüten abgestimmt ist. Diese Päonie erhielt ihren Namen mit Genehmigung des englischen Königshauses.

ANMERKUNG

Die Blütenfarbe der stark nachgefragten Sorte verliert kaum an Intensität. Gelegentlich allerdings verflacht die Blüte

MEMO

BLÜTE: gefüllt
DURCHMESSER: 14 bis 15 cm
DUFT: fehlt
BLÜTEZEIT: zweite Maihälfte
HÖHE: 80 bis 90 cm

MARGARET TRUMAN

BESCHREIBUNG

Diese gefüllte *Lactiflora*-Sorte erfordert Geduld, denn ihre Blüten erscheinen erst Ende Mai über dem kräftigen und buschigen, dunkelgrünen Laub. Ihre rosa Knospen explodieren dann förmlich in sehr intensiven karminrosa Farbtönen, die an den Rändern deutlich aufhellen. Und da sich die Blüte aufrecht hält, präsentiert sie dem Betrachter ihr wundervolles Herz mit gelben Staubblättern. Die Nachblüte verlängert die Saison um einige Tage. ›Margaret Truman‹ ist eine niederländische Züchtung von Van der Valk, die 1953 im Handel erschien. Sie wird dort mit der in den Niederlanden sehr viel populäreren, gefüllten und lebhaft rosa blühenden Staudenpäonie ›Sarah Bernhardt‹ verglichen.

ANMERKUNG

Da sie besonders spät blüht, kann sie in einem Pfingstrosenbeet die Saison bis zum Ende des Frühjahrs ausdehnen.

MEMO

BLÜTE: gefüllt
DURCHMESSER: 15 cm
DUFT: angenehm
BLÜTEZEIT: Ende Mai
HÖHE: 80 bis 100 cm

JEANNE D'ARC

BESCHREIBUNG

Einfach bezaubernd – eine alte französische Staudenpäonie des Züchters Calot, die er 1858 registrieren ließ und die erst spät im Mai blüht. Die breit ausladende Staude hat geschmeidiges, dichtes Laub. Die voluminöse Blüte gleicht einer Krone aus großen, rundlichen, zartrosa Blütenblättern, die das blasse, cremefarbene Herz aus schmalen, blütenblattähnlichen Petaloiden trägt, das von innen heraus schwefelgelb zu glühen scheint. Diese gelegentlich karminrot besprenkelten Petaloiden sind zuweilen wirr geformt und verbogen und verleihen der Blüte einen charmanten Ausdruck. Die oft versteckt stehenden Fruchtblätter verraten sich durch ihre rötliche Färbung.

ANMERKUNG

Der kaum wahrnehmbare Duft wird durch eine reichliche Nachblüte aufgewogen.

MEMO

BLÜTE: gefüllt, Anemonentyp
DURCHMESSER: 12 bis 14 cm
DUFT: sehr leicht

BLÜTEZEIT: zweite Maihälfte
HÖHE: 80 bis 90 cm

PETER BRAND

BESCHREIBUNG

In einem Garten, der im Mai lichtdurchflutet ist, sollte man darauf achten, Pflanzen zu setzen, deren Blütenfarbe in der prallen Sonne nicht ausbleicht. Diesbezüglich brauchen Sie bei dieser *Lactiflora*-Sorte keine Sorge zu haben. Die dunkelrote, gefüllte Staudenpfingstrose behält ihre Farbe, die nicht einmal der geringste Braunton trübt. Die Blüte bewahrt ihren seidigen bis lackartigen Glanz in jeder Lebenslage bei. Die robuste, aufrechte Päonie lässt sich in einem Staudenbeet sehr vorteilhaft mit dem kerzengerade wachsenden Brennenden Busch oder Diptam *Dictamnus albus* kombinieren. ›Peter Brand‹ ist eine niederländische Züchtung, die mit Sicherheit vor 1937 entstand.

ANMERKUNG

Zum Saisonende zeigen die dunkelgrünen Laubblätter einen leuchtenden Glanz. Diese prächtige Sorte eignet sich auch als Schnittblume.

MEMO

BLÜTE: gefüllt
DURCHMESSER: 12 bis 15 cm
DUFT: fehlt
BLÜTEZEIT: zweite Maihälfte
HÖHE: 80 cm

KANSAS

BESCHREIBUNG

Diese Staudenpäonie scheint Sinn für Maßlosigkeit zu haben! Ihre Blüte kann voll entfaltet einen Teller füllen – eine Glanzleistung dieser gewaltigen pinkroten (in den USA wird diese Farbe auch als »Wassermelonenrot« beschrieben) Blüte, die bis in eine Höhe von einem Meter wachsen kann. Die festen und streng aufrecht wachsenden Stängel sorgen für einen ausgezeichneten Halt sowohl in der Vase als auch in einem Beet. Diese Ausnahmepfingstrose besitzt prächtiges, dunkelgrünes, gut proportioniertes Laub, das mit der Größe der Blüten korrespondiert. Die regelmäßige Anordnung der Blütenblätter und ihre leuchtende Farbe runden das eindrucksvolle Bild ab.

ANMERKUNG

Eine außergewöhnliche Sorte aufgrund der Größe ihrer Blüten, die überdies sehr lange halten.

MEMO

BLÜTE: gefüllt
DURCHMESSER: bis 22 cm
DUFT: fehlt
BLÜTEZEIT: Mitte Mai
HÖHE: 100 cm

MRS F. D. ROOSEVELT

BESCHREIBUNG

Die großen, ebenmäßig schalenförmig ausgeformten Blüten mit leicht nach innen gebogenen Blütenblättern zeigen sich in zarten Rosatönen mit schwachen lachsfarbenen Spiegelungen – einer barocken Porzellanrose zum Verwechseln ähnlich. Die überaus wüchsige Päonie erreicht Höhen von über einem Meter und breitet fast ungehemmt ihr dunkelgrünes Laub aus. Diese Sorte ist eine Selektion des Amerikaners Alonzo B. Franklin, die dieser 1932 registrieren ließ. Die halb aufgerichteten Blüten entfalten sich bei jungen Pflanzen in der Hauptsaison und bei älteren Exemplaren etwas später.

ANMERKUNG

Eine *Lactiflora*-Sorte mit einem sehr einheitlichen Blütenbild.

MEMO

BLÜTE: gefüllt
DURCHMESSER: 15 bis 18 cm
DUFT: angenehm
BLÜTEZEIT: erste Maihälfte
HÖHE: 100 bis 110 cm

SUSY Q

BESCHREIBUNG

Diese prachtvolle amerikanische *Lactiflora*-Sorte zeigt die perfekte Handschrift des Züchters Klehm. Seine zuverlässige Staudenpäonie hat Ausmaße, die sich ideal für eine Blumeneinfassung um eine Terrasse eignen. Darüber hinaus kann man sich auf ein geschlossenes Laubkleid aus kräftigen, dunkelgrünen Blattfiedern verlassen. Ähnlich wie bei den Englischen Rosen sind ihre leicht nach innen gebogenen Blütenblätter schuppenartig überlagert, um damit eine sehr regelmäßige Blüte zu formen. Die schöne Nachblüte erscheint leider verhältnismäßig spärlich.

ANMERKUNG

Ihr kompakter Wuchs mit relativ kleinem, aber üppig austreibendem Laub macht diese Staudenpäonie zu einer idealen Kandidatin für die Gestaltung des Vordergrundes eines Beetes.

MEMO

BLÜTE: gefüllt
DURCHMESSER: 15 cm
DUFT: fehlt
BLÜTEZEIT: zweite Maihälfte
HÖHE: 80 cm

PAUL BUNYAN

BESCHREIBUNG

Entdeckt man die weißlichen Knospen dieser gefüllten *Lactiflora*-Sorte auf dichtem, kräftig grünem, bis zum Boden reichendem Laubhintergrund, ist man kaum darauf vorbereitet, dass diese sich zu Blüten in einem besonders lebhaften und reinen Rosa entfalten, das sich zum Rand hin etwas aufhellt. Dennoch bleiben einige Spuren von Weiß über die gesamten Blütenblätter verteilt. Die peripheren Petalen schmückt ein schmaler karminroter Saum. Die Pflanze zeigt ein sehr aufrechtes Wuchsbild und unterstützt willig mehrere Nachblüten. Dies ist ein weiterer Hinweis auf ihre besondere Vitalität. ›Paul Bunyan‹ ist eine Selektion des amerikanischen Züchters Lins, 1955.

ANMERKUNG

Einen besonders attraktiven Anblick bietet diese Päonie während ihrer Saison mit gleichzeitig weißen Knospen und geöffneten rosa Blüten auf der gleichen Pflanze. Eine der spätesten Staudenpäonien, die die Blütensaison erheblich ausdehnen kann!

MEMO

BLÜTE: gefüllt
DURCHMESSER: 16 bis 18 cm
DUFT: fehlt

BLÜTEZEIT: Ende Mai bis Anfang Juni
HÖHE: 80 bis 90 cm

MLLE (MADEMOISELLE) JEANNE RIVIÈRE

BESCHREIBUNG

Die Blüten dieser gefüllten *Lactiflora*-Sorte öffnen sich in einem reinen Zitronengelb. Mittlerweile ist die Kreation von Benoît Rivière eine »Hundertjährige«. Sie ist von bescheidener Größe und entwickelt ein üppiges und dennoch lockeres Laub, das die Pflanze insgesamt elegant und ausladend erscheinen lässt. Die Fiederblättchen sind schmal und lang, aber nur mittelgroß. Die flauschige Kugel aus schmalen, gebogenen und cremeweißen Petaloiden liegt eingebettet in einer Formation aus großen weißen, rosa überhauchten, rundlich geformten Blütenblättern. Ihre Nachblüte erscheint zuverlässig, belastet jedoch die Stängel, die die Neigung haben, überzuhängen.

ANMERKUNG

Geben Sie dieser Pflanze eine Stützhilfe, um ihre ausgewogene, buschige Form zu wahren.

MEMO

BLÜTE: zwischen Anemonen- und Kronenform
DURCHMESSER: 10 bis 12 cm
DUFT: vorhanden

BLÜTEZEIT: zweite Maihälfte
HÖHE: 90 cm

MARIE CROUSSE

BESCHREIBUNG

Wie schade, dass die Blüten dieser Päonie beinahe schamhaft ihre Köpfe senken! Vor allem bei Sorten wie der ›Marie Crousse‹ mit lockerer Wuchsform und Gestalt ist dies ein Nachteil, denn sie erfordern unbedingt eine Stützhilfe, um nicht zu tief zu Boden zu sinken. Diese gefüllte *Lactiflora*-Sorte des Züchters Crousse von 1892 ist dennoch fast ein Muss in Ihrem Garten. Wie sollte man auch dem Charme ihrer zartrosa Farbe, die von hellen lachsrosa Spiegelungen in ihrem Herzen intensiviert wird, widerstehen? Bevor sie verwelken, beginnen die Blüten auszubleichen.

ANMERKUNG

›Marie Crousse‹ bezaubert durch ihren leichten Duft und ihre Nachblüte.

MEMO

BLÜTE: gefüllt
DURCHMESSER: 14 cm
DUFT: leicht und angenehm
BLÜTEZEIT: zweite Maihälfte
HÖHE: 90 cm

BOSSUET

BESCHREIBUNG

Die leicht zerzaust wirkenden, kugeligen Blüten dieser gefüllten *Lactiflora*-Sorte stehen hübsch ordentlich auf soliden Stängeln über dem Laub. Diese französische Päonie des Züchters Miellez besitzt eine schöne Wuchsform und entwickelt ein dichtes Blattwerk in reinem Grün mit purpurfarbenen Blattspitzen. Die verhältnismäßig spät erscheinenden Blüten aus leicht strubbelig wirkenden, kleinen Blütenblättern zeigen sich in einem leuchtenden, violett überhauchten kräftigen Rosa. Die Außenseiten der Petalen sind dabei heller gefärbt.

ANMERKUNG

Diese Sorte empfiehlt sich durch ihre schöne, ausladende Gestalt und das reiche Laub.

MEMO

BLÜTE: gefüllt
DURCHMESSER: 12 cm
DUFT: fehlt
BLÜTEZEIT: Mitte Mai
HÖHE: 90 cm

PHILIPPE RIVOIRE

BESCHREIBUNG

Während die meisten Päonien mit kaum wahrnehmbarem oder ganz ohne Duft auskommen müssen, ist diese gefüllte *Lactiflora*-Sorte mit ihrem zauberhaften Rosenduft ein Geschenk der Natur. Benoît Rivière gelang dieser Wurf 1911. Ihre reichlich kleinen, jedoch haltbaren Blüten akzentuieren ein niedriges und lichtes Blattwerk. Ihre leicht zurückgebogenen, sich elegant präsentierenden Petalen formen eine karminrote Blüte. Das Spiel zwischen leuchtender Färbung und dunkleren Reflexen unterstreicht das Volumen dieser gefüllten Päonie, die nur selten mit einer Nachblüte aufwartet.

ANMERKUNG

Mit ihren fein ziselierten Petalen, ihren scharlachroten nelkenähnlichen Blüten und vor allem ihrem Duft besticht diese *Lactiflora*-Sorte trotz Kleinwüchsigkeit.

MEMO

BLÜTE: gefüllt
DURCHMESSER: 11 cm
DUFT: ausgeprägter Rosenduft
BLÜTEZEIT: Mitte bis Ende Mai
HÖHE: 80 bis 90 cm

ALICE HARDING

BESCHREIBUNG

Diese Päonie trägt zwar denselben Namen wie eine gelbe Strauchpfingstrose, ist jedoch eine zauberhafte gefüllte *Lactiflora*-Sorte desselben Züchters Lemoine aus dem Jahre 1922 und damit 13 Jahre älter als ihre Namenscousine. Die Größe und Ausformung der einer gefüllten Dessertschale ähnelnden Blüte ist atemberaubend – steht sie doch halb aufrecht in einer üppigen, rein grünen Laubkulisse. Einige Blüten auf derselben Pflanze zeigen purpurrosa geäderte, weiße Kronblätter, die flauschig angeordnete, regelmäßig gerundete Blütenblätter und gebänderte Petaloiden halten, in denen die Staubblätter fast verschwinden. Die Nachblüte von ›Alice Harding‹ erscheint reichlich, und ihr Duft ist bezaubernd. Was kann man sich Schöneres wünschen?

ANMERKUNG

Diese Sorte wird wegen ihrer Wüchsigkeit und reichen Blüte geschätzt.

MEMO

BLÜTE: gefüllt
DURCHMESSER: 16 bis 18 cm
DUFT: leicht und angenehm
BLÜTEZEIT: Mitte Mai
HÖHE: 80 bis 90 cm

NOÉMIE DEMAY

BESCHREIBUNG

Betrachtet man diese romantisch wirkende, zartrosa Blüte mit ihrem zauberhaften Duft, begreift man, weshalb sie die Liebhaber von Prachtstaudenbeeten derartig fasziniert, auch wenn die sehr alte Sorte (eine Schöpfung von Calot aus dem Jahre 1867) nur ein locker verzweigtes, verhältnismäßig spärliches Laub besitzt. Auf ein und derselben Pflanze finden wir echte gefüllte sowie anemonenförmige Blüten. Die Blütenkrone aus rundlichen Petalen kann sich offenbar nicht zwischen Zartrosa und Weiß entscheiden, während die Petaloiden (umgewandelte Staubblätter) im Herzen sogar einen Hauch von Gelb oder Rot aufweisen.

ANMERKUNG

Diese niedrige Rabattensorte wurde in Frankreich gelegentlich in »Pêcher« = Pfirsichbaum oder »Fleur de pêcher« = Pfirsichblüte umgetauft, vermutlich wegen der ähnlichen Blütenfarben – von den Pfirsichbäumen gibt es auch gefülltblühende, rosa Sorten.

MEMO

BLÜTE: gefüllt und anemonenförmig
DURCHMESSER: 14 bis 18 cm
DUFT: ausgeprägt
BLÜTEZEIT: Mitte Mai
HÖHE: 80 bis 90 cm

EDWIN C. SHAW

BESCHREIBUNG

Ein leichter, zauberhafter Duft, die zartrosa Farbe der »Alten Rosen« ähnlichen Blüten und die lockere Belaubung … alles an dieser romantischen Pfingstrose des Züchters Thurlow aus dem Jahre 1919 ist duftig und anmutig. Die Blüten erscheinen um die zweite Maiwoche herum auf einer Pflanze mit soliden Stängeln, und die rundlichen Knospen öffnen sich eine nach der anderen zu einer gefüllten Blüte aus symmetrisch angeordneten, nach innen gebogenen Blütenblättern mit wachsartiger Struktur. Ihre Mitte zeigt sich leicht gekräuselt in reinem Rosa, das umso mehr verzaubert, wenn die älteren Blüten auszubleichen beginnen.

ANMERKUNG

Für diese duftende *Lactiflora*-Sorte empfiehlt sich eine Pflanzenstütze, um zu verhindern, dass die Stängel unter den schweren Blüten zu Boden sinken.

MEMO

BLÜTE: gefüllt
DURCHMESSER: 12 cm
DUFT: leicht und angenehm
BLÜTEZEIT: zweite Maihälfte
HÖHE: 75 bis 80 cm

LAURA DESSERT

BESCHREIBUNG

Früher wurde diese ungewöhnliche Staudenpfingstrose, ein Cultivar des Züchters Dessert von 1913, »die gelbe Pfingstrose« genannt – natürlich aufgrund ihrer anemonenförmigen Blüte aus einem Strauß kleiner, bei der Entfaltung zartzitronengelber Blütenblätter. Sehr schnell danach jedoch verblasst die Farbe, und vor allem die Kronenblätter der Blüte bleichen allmählich zu einem fast reinen Weiß aus. Nur die dichte Mitte aus schmalen, nach oben hin breiter werdenden Petaloiden leuchtet noch schwach gelb von innen heraus. Die Nachblüte sichert über hellgrünem Laub eine achtbare Nachfolge.

ANMERKUNG

Eine unerwartete und freudige Überraschung ist der göttliche Zitronenduft, den diese Blüten verströmen.

MEMO

BLÜTE: Anemonenform
DURCHMESSER: 12 cm
DUFT: ausgeprägt
BLÜTEZEIT: zweite Maihälfte
HÖHE: 80 cm

MR ADAM MODZELEWSKY

BESCHREIBUNG

Mit diesem Wurf des französischen Züchters Doria von 1935 ist sehr schnell Staat zu machen. Die Blattstiele sind teilweise purpurrot gestreift, und die Blütenstängel tragen mehrere Blüten, die über einem länglichen, spitz zulaufenden Laub von klarem Grün erscheinen. Letztere sind fest und aufrecht und garantieren damit eine gute Haltung der Blüte. Die leuchtend roten Blütenblätter sind silbrig weiß oder rosa gerandet, eine Zeichnung, die die sanfte Welligkeit der Petalen unterstreicht. Das Herz der Blüte wird durch goldgelbe Staubblätter erleuchtet – ein Angebot für Nektar sammelnde Insekten.

ANMERKUNG

Eine gefüllte *Lactiflora*-Sorte von außergewöhnlicher Vitalität und Robustheit.

MEMO

BLÜTE: gefüllt
DURCHMESSER: 15 bis 16 cm
DUFT: fehlt
BLÜTEZEIT: Mitte Mai
HÖHE: 80 bis 90 cm

AVALANCHE

BESCHREIBUNG

Schneeweiß, voluminös, mit wachsartiger Textur und kugelförmiger Mitte in schalenförmiger Krone entfalten sich die Blüten dieser sehr alten *Lactiflora*-Sorte von Crousse aus dem Jahre 1886 deutlich über dem Blattwerk. Die neutrale Färbung des Laubes in reinem Grün und die gute und stabile Ausrichtung der Stängel unterstreichen diesen Eindruck.
Die hohe, ausladende Pflanze beschert uns mit einigen Knospen eine Nachblüte. Die breitflächigen Kronblätter und die dicht stehenden Petaloiden im Herzen der Blüte erwecken den charakteristischen Eindruck von Üppigkeit.

ANMERKUNG

Die frische, intensive Duftnote dieser *Lactiflora*-Sorte verbindet sich mit der Reinheit der Farbe von Reispuder-Weiß, das gelegentlich rote Äderungen durchziehen.

MEMO

BLÜTE: gefüllt
DURCHMESSER: 14 cm
DUFT: leicht und angenehm
BLÜTEZEIT: Mitte Mai
HÖHE: 80 bis 90 cm

BILDKATALOG

STRAUCHPÄONIEN HYBRIDEN

STRAUCHPÄONIEN
SUFFRUTICOSA

BARON THYSSEN-BORNEMISSZA
58

JACQUELINE FARVACQUES
59

MONSIEUR MASSE
60

DUCHESSE DE MORNY
61

SHIMA NISHIKI
62

HOOKI
63

JOSÉPHINE SÉNÉCLAUZE
64

NUAGE ROUGE
65

HAKU UNKAKU
66

HAKU BAN RYIU
67

ICE STORM
68

GROVEANA
69

ZHAO FEN
70

LUOYANG HONG
71

VIVID
72

ISABELLE RIVIÈRE
72

SIR PETER SMITHERS
72

YACHIYO JISHI
72

KOKURYU NISHIKI
74

GENGIORAKU
75

MONSIEUR GEORGES CASSAGNES
→ 76 ←

NIGATA TEN'YO NO MAI
→ 77 ←

FUTAKAMI SHIGURE
→ 78 ←

ROCKII
→ 79 ←

EZRA POUND
→ 80 ←

CHOJURAKU
→ 81 ←

GODAISHU
→ 82 ←

FRAGANS MAXIMA PLENA
→ 82 ←

JEANNE D'ARC
→ 82 ←

RIMPOU
→ 82 ←

REINE ÉLISABETH
→ 84 ←

COMTESSE DE TUDER
→ 85 ←

SHIUNDEN
→ 86 ←

PRINCESSE AMÉLIE
→ 87 ←

AMBROSE CONGREVE
→ 88 ←

HATSU GARASHU
→ 89 ←

GUARDIAN OF THE MONASTERY
→ 90 ←

LACTEA
→ 91 ←

HANA DAIJIN
→ 92 ←

VICTOR LEMOINE
→ 92 ←

HANA KISOI
→ 92 ←

TAMAFUYO
→ 92 ←

STRAUCHPÄONIEN
INTERSEKTIONELLE HYBRIDEN

HILLARY
→ 96 ←

YELLOW DREAM
→ 97 ←

GARDEN TREASURE
→ 98 ←

PASTEL SPLENDOR
→ 99 ←

STAUDENPÄONIEN – ARTEN

P. OFFICINALIS
HUMILIS VILLOSA
→ 102 ←

P. OFFICINALIS
MUTABILIS PLENA
→ 103 ←

P. OFFICINALIS
RUBRA PLENA
→ 104 ←

P. OFFICINALIS
ALBA PLENA
→ 105 ←

P. OFFICINALIS
ROSEA PLENA
→ 106 ←

P. OFFICINALIS
SPHERICA VIOLACEA
→ 107 ←

P. ANOMALA
SMOUTHEI
→ 108 ←

P. TENUIFOLIA
→ 109 ←

STAUDENPÄONIEN
HYBRIDEN

CONSTANCE SPRY
✧ 112 ✧

POSTILLON
✧ 113 ✧

WHITE INNOCENCE
✧ 114 ✧

HI MABEL
✧ 115 ✧

HONOR
✧ 116 ✧

CYTHEREA
✧ 117 ✧

LITTLE RED GEM
✧ 118 ✧

EDGAR JESSEP
✧ 119 ✧

RED CHARM
✧ 120 ✧

PINK CHALICE
✧ 121 ✧

ANGELO COBB FREEBORN
✧ 122 ✧

CORAL FAY
✧ 123 ✧

FAN TAN
✧ 124 ✧

CORAL CHARM
✧ 125 ✧

CHALICE
✧ 126 ✧

CORALIE ROSE
✧ 127 ✧

MAI FLEURI
✧ 128 ✧

JANICE
✧ 129 ✧

SCARLET O'HARA
✧ 130 ✧

PAGEANT
✧ 130 ✧

SANCTUS
→ 130 ←

MOONRISE
→ 130 ←

MAGNOLIA FLOWER
→ 132 ←

REWARD
→ 132 ←

ILLINI BELLE
→ 132 ←

JOHN HARVARD
→ 132 ←

STAUDENPÄONIEN »JAPANISCHE« UND EINFACHE LACTIFLORA

DO TELL
→ 136 ←

L'ÉTINCELANTE
→ 137 ←

WESTERNER
→ 138 ←

AMA-NO-SODE
→ 139 ←

CARRARA
→ 140 ←

COLETTE THURILLET
→ 141 ←

KRINKLED WHITE
→ 142 ←

LA FIANCÉE
→ 143 ←

JEANNE CAYEUX
→ 144 ←

KICKAPOO
→ 145 ←

MME (MADAME)
ANTOINE RIVIÈRE
146

NIPPON BRILLANT
147

SEASHELL
148

WHITE CAP
149

FUYAJO
150

NEON
150

GAY PAREE
150

RIGOLOTTE
150

STAUDENPÄONIEN
GEFÜLLTE LACTIFLORA

MADAME
BENOÎT RIVIÈRE
154

MADAME
DE VERNEVILLE
155

PRESIDENT
WILSON
156

LE CYGNE
157

CHIPPEWA
158

VIVID ROSE
159

SOUVENIR
DE LOUIS BIGOT
160

MADAME
FURTADO
161

MADAME
CLAUDE TAIN
162

ENSIGN MORIARTY
163

PAUL M. WILD
→ 164 ←

MOONSTONE
→ 165 ←

PRINCESS MARGARET
→ 166 ←

MARGARET TRUMAN
→ 167 ←

JEANNE D'ARC
→ 168 ←

PETER BRAND
→ 169 ←

KANSAS
→ 170 ←

MRS F. D. ROOSEVELT
→ 171 ←

SUSY Q
→ 172 ←

PAUL BUNYAN
→ 173 ←

MLLE (MADEMOISELLE) JEANNE RIVIÈRE
→ 174 ←

MARIE CROUSSE
→ 175 ←

BOSSUET
→ 176 ←

ALICE HARDING
→ 176 ←

PHILIPPE RIVOIRE
→ 176 ←

NOÉMIE DEMAY
→ 176 ←

EDWIN C. SHAW
→ 178 ←

MR ADAM MODZELEWSKY
→ 178 ←

LAURA DESSERT
→ 178 ←

AVALANCHE
→ 178 ←

DANKSAGUNG

Dieses Buch wurde mit Unterstützung von Pivoines Rivières realisiert.
Dort kann eine Auswahl von 650 Pfingstrosenvarietäten besichtigt werden.
Öffnungszeiten vom 15. April bis Ende Mai von 9.00 bis 12.00 Uhr und
von 14.00 bis 17.30 Uhr.

PIVOINES RIVIERE
La Plaine
26400 CREST
Tel : 04 75 25 44 85
www.pivoinesriviere.com

Text: Jean-Luc Rivière & Pierre-Yves Nédélec
Fotos: Michel Reuss
Die französische Originalausgabe mit dem Titel »Pivoines« erschien
2008 bei Marabout – Hachette Livre, Paris.

Bibliografische Information der Deutschen Nationalbibliothek
Die Deutsche Nationalbibliothek verzeichnet diese Publikation in der
Deutschen Nationalbibliografie; detaillierte bibliografische
Daten sind im Internet über http://dnb.d-nb.de abrufbar.

1. Auflage
ISBN 978-3-7688-2575-7
Die Rechte für die deutsche Ausgabe liegen beim Verlag
Delius, Klasing & Co. KG, Bielefeld

Aus dem Französischen von Christine und Markus Mössel
Layout: Alexandre Nicolas
Fotos: Joelle Caroline Mayer u. Gilles Le Scanff (Seiten 9, 11, 16),
Deirdre Rooney (Seite 31 unten)
Umschlaggestaltung: Gabriele Engel
Printed in Spain 2009

Delius Klasing Verlag, Siekerwall 21, D - 33602 Bielefeld
Tel.: 0521/559-0, Fax: 0521/559-115
E-Mail: info@delius-klasing.de
www.delius-klasing.de